2.3.1 剪切、拷贝和粘贴

2 限定画布大小

3.4.2 魔棒工具

知识进阶：将图像进行融合处理

4.1.1 污点修复画笔工具

4.2.4 历史记录艺术画笔工具

4.4.4 海绵工具

知识进阶：为黑白照片添加迷人色彩

5.6.1　调整"色阶"

5.6.2　调整"曲线"

5.6.4　调整"阴影/高光"

5.7.1　"去色"命令

知识进阶：创建梦幻的图像色彩效果

6.1.1　钢笔工具

6.1.3　多边形工具

6.3.2　设置文字基本属性

6.4.1　使用变形文字设置文字

7.4.1　添加和编辑图层蒙版

7.5.2　编辑调整图层

知识进阶：通过图层样式制作图像

8.4.1　混合图层和通道

8.4.2　用应用图像命令混合通道

知识进阶：从通道进行抠图制作个性壁纸

9.3.2　从颜色范围设置蒙版

9.4.1　通过临时蒙版创建选区

知识进阶：通过编辑蒙版制作合成图像

10.2.1　液化

10.2.2　消失点

知识进阶：使用滤镜的组合设置梦幻特效

13.1　艺术化数码照片处理

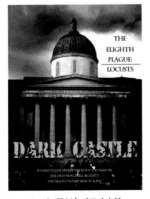

13.2　电影海报制作

13.3　创意图像合成制作

视频教学 一看就会 无师自通 得心应手

中文版
Photoshop CS4
图像处理

华诚科技 编著

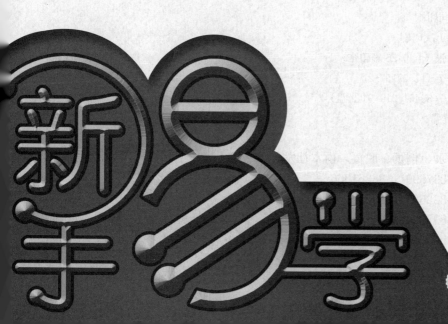

机械工业出版社
China Machine Press

本书讲解 Photoshop CS4 软件的基本功能及操作，系统地介绍这款软件的菜单、工具、面板，以及各种面板的组合运用。本书以图析文的讲解方式简单直观、通俗易懂，使读者轻松学习、快速掌握 Photoshop CS4 的基础知识。在实例操作中配以提示，解决操作中所遇到的技术问题；加入"补充知识"对文中的知识点做相应的补充说明，使读者更进一步地了解相关知识点；以"你问我答"的形式，将操作中遇到的问题生动剖析，解决读者可能出现的疑问；通过"设计师之路"增加了平面设计师的专业知识，在学习的过程中可以更轻松地了解作为平面设计师需要具备的素质和知识。

本书内容全面，实例丰富，内容详尽，可作为 Photoshop 使用者的入门级参考用书。

图书在版编目（CIP）数据

中文版Photoshop CS4图像处理/华诚科技编著.—北京：机械工业出版社，2010.1
（新手易学）
ISBN 978-7-111-29157-2

Ⅰ.中… Ⅱ.华… Ⅲ.图形软件，Photoshop CS4 Ⅳ.TP391.41

中国版本图书馆 CIP 数据核字（2009）第 217568 号

机械工业出版社（北京市西城区百万庄大街 22 号 邮政编码 100037）
责任编辑：陈佳媛
北京京师印务有限公司印刷
2010 年 1 月第 1 版第 1 次印刷
184mm×260mm · 15 印张（含 0.25 彩印张）
标准书号：ISBN 978-7-111-29157-2
        ISBN 978-7-89451-319-9（光盘）
定价：29.80 元（附光盘）

凡购本书，如有缺页、倒页、脱页，由本社发行部调换
客服热线：(010)88378991；88361066
购书热线：(010)68326294；88379649；68995259
投稿热线：(010)88379604
读者信箱：hzjsj@hzbook.com

前　言

信息技术已不仅仅是生产力进步的助推器，它悄悄地融入了人们学习与工作的每个角落、每个细节；"数学化生活"也已经成为一种泛在的生活方式，极大提高了人们的效率，丰富了人们的文化。为了帮助"新手"们迅速、便捷地掌握信息技术的应用方法，我们编著了本书。

全书梗概

软件知识：全书将 Photoshop CS4 的知识点共分为 12 个章节。第 1 章"新手入门——Photoshop CS4 的基础知识"，由浅入深地介绍了 Photoshop CS4 的主要功能、安装过程以及整体的界面；第 2 章"简明易懂——Photoshop CS4 的基础操作"，分别从图像文件的基础操作出发，了解并掌握图像的剪切、粘贴，图像大小和分辨率的变换等知识；第 3 章"轻松把握——基础工具及选区的应用"，分别介绍了图像的移动、选区的创建和编辑、选区图像的设置等内容，帮助读者了解图像处理中运用最频繁的选区操作；第 4 章"图像的替换与开拓——图像的修饰和绘制"，从运用画笔进行图像绘制开始介绍，详细介绍如何对图像进行修复和润饰等操作；第 5 章"斑斓色彩的掌控——图像色调与明暗的调整"，广泛介绍图像中的色调与明暗处理，为图像进行色彩的变换与明暗关系的设置提供了基础；第 6 章"创造性与开拓——路径、文字的创建和编辑"，结合文字工具与形状工具创建文字和图形，将帮助读者更细致地掌握文字与图形的运用；第 7 章"不可不知的关键——图层的应用"，从图层的基础分类开始介绍，读者可以掌握图层的多种操作和应用；第 8 章"图像的高级处理——通道的应用"，能够帮助读者更深入地掌握图像处理的关键要点，以及特殊色调与抠图的专业知识；第 9 章"合成图像的魔法——蒙版的应用"，从多种蒙版的分类开始介绍，依次对图层蒙版、矢量蒙版、快速蒙版和剪贴蒙版等多种图像合成技术进行详细介绍；第 10 章"多姿多彩的图像处理——滤镜的应用"，介绍多种滤镜的基本操作以及滤镜效果的整体分析；第 11 章"让图像处理轻松起来——使用动作、自动化和脚本"，可以帮助读者简化重复的操作步骤，充分运用批量处理功能进行多个图像的相同操作；第 12 章"图像应用导向——图像的输入与输出"，从图像的打印设置开始介绍，详细讲解打印的基础以及图像的分色和校样知识。

综合应用：本书的第 13 章"图像处理综合实例"，包含 3 个具有代表性的图像处理实例，能够帮助读者更灵活地掌握图像处理的多种操作和技术运用。

本书特色

内容全面：本书包括 Photoshop CS4 软件的基本功能及操作，系统地介绍软件菜单、工具、面板，以及各种面板的组合运用。

简单明了：采用步骤的形式配以相应的图片，以图析文的讲解方式，简单直观、通俗易懂，使读者轻松学习，快速掌握 Photoshop CS4 的基础知识。

专业指导：在实例操作中配以提示，解决操作中所遇到的技术问题；加入"补充知识"对文中的知识点做相应的补充说明，使读者能进一步地了解相关知识点；以"你问我答"的形式，将操作中遇到的问题直观地罗列出来，解决读者可能出现的疑问；通过"设计师之路"增加了平面设计师的专业知识，在学习的过程中可以更轻松地了解作为平面设计师需要具备的素质和知识。

其他资源：本书提供的 DVD 光盘内容丰富，包括书中所有小节中使用的原始素材照片及制作完成的最终效果的 psd 格式文件，还提供了多媒体录音视频教程，包含了所有知识的全过程操作演示和语音讲解，使学习更加直观、充满乐趣，使读者能够快速掌握数码照片的处理技术。

读者对象

本书内容全面、图文并茂，论述清晰而精炼，宜于作为入门教程，尤其适合以下读者：

初学电脑的青年朋友、老年朋友；

广大高职、中职院校的相关师生；

相关社会培训班的讲师与学员。

我们殷切希望本书能对广大读者朋友有所帮助，但限于作者水平和编著时间，书中难免存在疏漏和不足之处，欢迎读者朋友提出意见和建设，让我们做得更好！

编　者

2010 年 1 月

目　录

前言

第1章　新手入门——Photoshop CS4的基础
　　　　知识

1.1　初识Photoshop CS4·············· 2
　1.1.1　Photoshop CS4 的主要功能 ····· 2
　1.1.2　Photoshop CS4 的应用领域 ····· 3
1.2　Photoshop CS4的常用术语 ········ 4
1.3　Photoshop CS4的安装 ··········· 5
　1.3.1　Photoshop CS4 的安装过程 ··· 5
　1.3.2　运行 Photoshop CS4 程序 ····· 6
1.4　Photoshop CS4的界面 ··········· 7
　1.4.1　快速启动栏 ··············· 7
　1.4.2　标题选项卡 ··············· 8
　1.4.3　工具箱 ·················· 8
　1.4.4　选项栏 ·················· 9
　1.4.5　状态栏 ················· 10
　1.4.6　面板 ··················· 10
知识进阶：设置个人工作区并保存 ····· 13

第2章　简明易懂——Photoshop CS4的基础
　　　　操作

2.1　文件的基础操作 ·············· 16
　2.1.1　新建文件 ················ 16
　2.1.2　打开文件 ················ 16
　2.1.3　关闭文件 ················ 17
　2.1.4　存储文件 ················ 17
2.2　图像的相关术语与文件格式 ······· 18
　2.2.1　像素和分辨率 ············· 18
　2.2.2　矢量图和位图 ············· 18
　2.2.3　图像文件的存储格式 ········· 19
2.3　图像的基本编辑 ·············· 19

2.3.1　剪切、拷贝和粘贴 ··········· 19
2.3.2　自由变换图像 ············· 20
2.4　图像调整操作 ··············· 21
　2.4.1　设置图像大小 ············· 21
　2.4.2　限定画布大小 ············· 22
　2.4.3　裁剪图像 ················ 22
2.5　工具箱中的颜色设置 ··········· 23
　2.5.1　设置前景色和背景色 ········· 23
　2.5.2　吸管工具 ················ 24
2.6　辅助显示工具的应用 ··········· 25
　2.6.1　缩放工具 ················ 25
　2.6.2　标尺、网格和参考线 ········· 25
知识进阶：扩大"画布"设置图像边框··· 26

第3章　轻松把握——基础工具及选区的
　　　　应用

3.1　移动工具 ·················· 30
　3.1.1　移动图像 ················ 30
　3.1.2　移动并复制图像 ··········· 31
3.2　选框工具组 ················ 31
　3.2.1　矩形选框工具 ············· 32
　3.2.2　椭圆选框工具 ············· 32
　3.2.3　单行、单列选框工具 ········· 33
3.3　套索工具组 ················ 33
　3.3.1　套索工具 ················ 34
　3.3.2　多边形套索工具 ··········· 34
　3.3.3　磁性套索工具 ············· 35
3.4　魔棒工具组 ················ 35
　3.4.1　快速选择工具 ············· 35
　3.4.2　魔棒工具 ················ 36
3.5　选区的基本操作 ·············· 37
　3.5.1　取消和反向选择选区 ········· 37

3.5.2　移动选区 ·············· 38

3.5.3　变换选区 ·············· 39

3.5.4　应用色彩范围设置选区 ··· 40

3.6　选区的设置 ················ 42

3.6.1　扩大选区和选区相似 ····· 42

3.6.2　扩展和收缩选区 ········· 42

3.6.3　边界和平滑选区 ········· 43

3.6.4　羽化选区 ·············· 44

3.6.5　载入和存储选区 ········· 45

3.7　选区的应用 ················ 45

3.7.1　复制选区图像 ··········· 45

3.7.2　剪切选区图像 ··········· 46

3.7.3　清除选区图像 ··········· 47

知识进阶：将图像进行融合处理 ········ 47

第4章　图像的替换与开拓——图像的修饰和绘制

4.1　图像的修补工具 ············ 52

4.1.1　污点修复画笔工具 ······· 52

4.1.2　修复画笔工具 ··········· 53

4.1.3　修补工具 ·············· 54

4.1.4　红眼工具 ·············· 56

4.2　图像的绘制和擦除 ·········· 57

4.2.1　画笔工具 ·············· 57

4.2.2　铅笔工具 ·············· 59

4.2.3　颜色替换工具 ··········· 59

4.2.4　历史记录艺术画笔工具 ···· 60

4.2.5　橡皮擦工具 ············· 61

4.2.6　背景橡皮擦工具 ········· 61

4.3　颜色的填充 ················ 62

4.3.1　油漆桶工具 ············· 62

4.3.2　渐变工具 ·············· 64

4.4　润饰图像 ·················· 65

4.4.1　仿制图章工具 ··········· 65

4.4.2　模糊和锐化工具 ········· 66

4.4.3　加深和减淡工具 ········· 67

4.4.4　海绵工具 ·············· 68

知识进阶：为黑白照片添加迷人色彩 ···· 69

第5章　斑斓色彩的掌控——图像色调与明暗的调整

5.1　认识图像的颜色模式 ········ 74

5.2　常用颜色模式之间的转换 ···· 75

5.2.1　将彩色图像转换为灰度模式 ··· 75

5.2.2　转换为位图模式 ········· 76

5.2.3　将RGB模式的图像转换成CMYK模式 ··························· 77

5.3　应用直方图分析图像 ········ 78

5.3.1　了解直方图的信息 ······· 78

5.3.2　分析直方图判断曝光 ····· 78

5.4　调整面板的基础知识 ········ 79

5.4.1　认识调整面板 ··········· 79

5.4.2　从面板进行图像调整 ····· 80

5.5　色彩的调整 ················ 80

5.5.1　调整"色彩平衡" ········· 81

5.5.2　调整"色相/饱和度" ····· 81

5.5.3　"照片滤镜"命令 ········· 82

5.5.4　"通道混合器"命令 ······· 83

5.5.5　"可选颜色"命令 ········· 84

5.5.6　"替换颜色"命令 ········· 84

5.5.7　"匹配颜色"命令 ········· 85

5.6　明暗的调整 ················ 86

5.6.1　调整"色阶" ············ 86

5.6.2　调整"曲线" ············ 87

5.6.3　调整"亮度/对比度" ····· 87

5.6.4　调整"阴影/高光" ······· 88

5.7　图像的特殊调整 ············ 89

5.7.1　"去色"命令 ············ 89

5.7.2　"色调分离"命令 ········· 89

知识进阶：创建梦幻的图像色彩效果 ······ 90

第6章　创造性与开拓——路径、文字的创建和编辑

6.1　图形的绘制 ················ 94

6.1.1　钢笔工具 ·············· 94

6.1.2　矩形和椭圆工具 ········· 95

6.1.3　多边形工具 ············· 98

6.1.4　自定形状工具 ··········· 98

VI

6.2 路径面板的应用 ·············· 99
  6.2.1 路径面板 ·············· 100
  6.2.2 填充路径 ·············· 100
  6.2.3 将路径作为选区载入 ······· 101
6.3 文字的基本操作 ·············· 102
  6.3.1 创建文字 ·············· 102
  6.3.2 设置文字的基本属性 ······· 103
  6.3.3 设置文字方向 ············ 104
  6.3.4 设置段落格式 ············ 104
6.4 文字的变形 ················ 105
  6.4.1 使用变形文字设置文字 ····· 105
  6.4.2 设置路径文字 ············ 106
6.5 文字图层的编辑 ·············· 107
  6.5.1 栅格化文字图层 ·········· 107
  6.5.2 将文字转换为路径 ········· 108
  6.5.3 为文字图层添加样式 ······· 109
知识进阶：添加文字制作流动文字
      效果 ················ 110

第7章 不可不知的关键——图层的应用

7.1 图层的操作 ················ 114
  7.1.1 图层的创建 ············· 114
  7.1.2 移动图层 ·············· 115
  7.1.3 复制、删除图层 ·········· 115
  7.1.4 链接与合并图层 ·········· 116
  7.1.5 图层的对齐与分布 ········· 117
7.2 图层的样式 ················ 118
  7.2.1 通过"样式"面板添加样式··· 118
  7.2.2 通过"图层"面板添加样式··· 119
  7.2.3 图层混合模式 ············ 119
  7.2.4 添加发光效果 ············ 120
  7.2.5 添加斜面和浮雕效果 ······· 121
  7.2.6 添加描边效果 ············ 122
7.3 图层样式的编辑 ·············· 123
  7.3.1 复制图层样式 ············ 123
  7.3.2 删除图层样式 ············ 123
  7.3.3 隐藏图层样式 ············ 124
7.4 图层蒙版 ·················· 124
  7.4.1 添加和编辑图层蒙版 ······· 125
  7.4.2 删除图层蒙版 ············ 125

7.5 创建和编辑调整图层 ··········· 126
  7.5.1 创建调整图层 ············ 126
  7.5.2 编辑调整图层 ············ 127
知识进阶：通过图层样式制作图像······ 128

第8章 图像的高级处理——通道的应用

8.1 认识通道 ·················· 134
  8.1.1 不同颜色模式下的通道 ····· 134
  8.1.2 Alpha 通道 ············· 135
  8.1.3 专色通道 ·············· 135
8.2 通道的基本操作 ·············· 137
  8.2.1 显示/隐藏通道 ··········· 137
  8.2.2 选择通道 ·············· 138
  8.2.3 复制和删除通道 ·········· 138
8.3 编辑通道 ·················· 139
  8.3.1 分离和合并通道 ·········· 139
  8.3.2 从选区载入通道 ·········· 141
8.4 通过通道调整图像 ············· 142
  8.4.1 混合图层和通道 ·········· 142
  8.4.2 用应用图像命令混合通道 ··· 143
  8.4.3 用计算命令混合通道 ······· 144
知识进阶：从通道进行抠图制作个性
      壁纸 ················ 145

第9章 合成图像的魔法——蒙版的应用

9.1 认识蒙版 ·················· 150
  9.1.1 蒙版的分类 ············· 150
  9.1.2 了解蒙版面板 ············ 151
9.2 蒙版面板的基本操作 ··········· 152
  9.2.1 创建和编辑蒙版 ·········· 152
  9.2.2 应用和停用蒙版 ·········· 153
  9.2.3 蒙版的删除 ············· 154
9.3 蒙版的进一步设置 ············· 154
  9.3.1 编辑蒙版边 ············· 154
  9.3.2 从颜色范围设置蒙版 ······· 155
  9.3.3 设置蒙版的反相 ·········· 156
9.4 快速蒙版 ·················· 158
  9.4.1 通过临时蒙版创建选区 ····· 158
  9.4.2 设置快速蒙版选项 ········· 159
9.5 剪贴蒙版 ·················· 160

9.5.1　制作剪贴蒙版 ·············· 160
9.5.2　剪贴蒙版的应用 ·········· 162
知识进阶：通过编辑蒙版制作合成
　　　　图像·············· 163

**第10章　多姿多彩的图像处理——滤镜的
　　　　应用**

10.1　滤镜库的操作·············· 168
10.1.1　查看图像效果·········· 168
10.1.2　创建效果图层·········· 169
10.1.3　删除效果图层·········· 170
10.2　独立滤镜的使用·········· 170
10.2.1　液化 ······················ 170
10.2.2　消失点 ·················· 171
10.3　滤镜分类效果应用·········· 173
10.3.1　风格化类滤镜·········· 173
10.3.2　画笔描边类滤镜·········· 175
10.3.3　模糊类滤镜·········· 176
10.3.4　扭曲类滤镜·········· 178
10.3.5　锐化类滤镜·········· 179
10.3.6　素描类滤镜·········· 180
10.3.7　像素化类滤镜·········· 181
10.3.8　渲染类滤镜·········· 182
10.3.9　艺术效果类滤镜·········· 183
10.3.10　杂色类滤镜·········· 184
10.3.11　其他类滤镜 ·········· 186
知识进阶：使用滤镜的组合设置梦幻
　　　　特效·············· 187

**第11章　让图像处理轻松起来——使用动
　　　　作、自动化和脚本**

11.1　通过动作处理图像·········· 192
11.1.1　使用预设动作·········· 192

11.1.2　录制和播放动作·········· 193
11.1.3　动作的编辑和删除·········· 194
11.2　自动化处理图像·········· 195
11.2.1　使用批处理命令·········· 195
11.2.2　创建快捷批处理·········· 197
11.2.3　使用 Photomerge 命令 ······ 197
11.3　脚本·············· 199
11.3.1　图像处理器·········· 199
11.3.2　将图层导出到文件·········· 200
知识进阶：从动作设置图像的批量
　　　　处理·············· 201

**第12章　图像应用导向——图像的输出与
　　　　打印**

12.1　图像的存储·············· 204
12.1.1　存储为多种文件格式·········· 204
12.1.2　存储大型文件·········· 204
12.1.3　存储为 PDF 文件·········· 205
12.2　图像的分色和打样·········· 206
12.2.1　从 Photoshop 打印分色·········· 206
12.2.2　创建颜色陷印·········· 207
12.2.3　打印印刷校样·········· 207
12.3　图像的打印输出·········· 208
12.3.1　设置打印选项·········· 208
12.3.2　设置页面属性·········· 209
12.3.3　打印部分图像·········· 209
12.3.4　打印矢量图像·········· 210
知识进阶：设置并存储GIF图像 ······ 210

第13章　图像处理综合实例

13.1　艺术化数码照片处理·········· 214
13.2　电影海报制作·········· 219
13.3　创意图像合成制作·········· 222

Chapter 1

新手入门

——Photoshop CS4的基础知识

要点导航

Photoshop CS4 的新增功能
Photoshop CS4 的安装过程
界面及面板介绍
常规选项设置

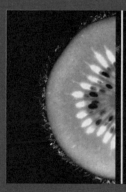

Photoshop 是由 Adobe 公司出品的一款功能强大的图像处理软件，自 1982 年以来，先后推出了多种版本的 Photoshop 软件。Photoshop CS4 是目前最新的一款软件，在之前的软件基础上新增了多种功能，只需简单地操作即可实现专业的效果。

本章将从如何安装 Photoshop CS4 开始，带领读者了解该软件的工作界面、常规选项设置等基础知识。

1.1 初识Photoshop CS4

难度水平
◆◇◇◇◇

在学习 Photoshop CS4 前，先需要了解该软件的主要功能和应用领域，作为最新的版本，Photoshop CS4 相对于之前的版本功能更加人性化，能够帮助用户更自由地进行图像制作。下面详细介绍 Photoshop CS4 的主要功能及应用领域。

1.1.1 Photoshop CS4的主要功能

Photoshop CS4 的功能十分强大，不仅提供了诸多的绘图工具，可以直接绘制艺术图形，也可以从扫描仪和数码相机等设备中采集图像，再对图像进行编辑，还可以调整图像的色彩和亮度，以及对多幅图像进行合成等。下面详细介绍 Photoshop CS4 的主要功能。

1. 简化的界面和调板管理

Photoshop CS4 简化了用于编辑的屏幕空间，保证必备工具的灵活选取，面板以方便的自动调节方式排列，可以收缩或扩展。

3. 自动对齐图层

自动对齐相关联的图层和图像，快速、准确地分析详细信息并移动图像，将选中的图层或图像进行高级复合。

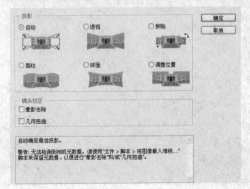

2. 更加强大的仿制和修复工具

使用 Photoshop CS4 修饰图像时，可以更全面地进行控制画笔下的源像素定位，以及在"仿制源"面板中设置缩放和旋转。

4. 快速调整曲线

用户可以根据操作需要，在"曲线"对话框中设定显示数据，并且通过设置"显示"选项中的复选框，可以显示或隐藏所选项。

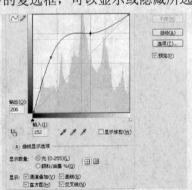

2

1.1.2　Photoshop CS4的应用领域

Photoshop CS4有着强大的图像处理功能，其应用领域也非常广泛，不仅在平面设计、广告宣传、包装设计等基础设计领域具有统领地位，在三维动画制作、后期图像特效处理以及插画创作方面应用越来越多。下面详细介绍 Photoshop CS4 的众多应用领域。

1. 平面设计

平面设计是 Photoshop 中最常用的领域，生活中常见到的图书、杂志封面，购物袋的图案以及产品的包装图案，这些具有丰富的平面印刷品大多是应用 Photoshop 软件进行处理的。

2. 广告制作

广告作为一种对视觉要求非常严格的作品，在制作过程中需要通过文字和图形来表现其寓意，传达广告信息，这些都可以通过 Photoshop 的修改和编辑得到满意的效果。

3. 照片处理

Photoshop 中的修饰功能使任何人都可以轻松地编辑或修改数码照片，例如修复人物皮肤上的瑕疵、调整照片的色调等，还可以将照片进行合成，制作出特殊的图像效果。

4. 插画绘制

在现代设计领域中，插画设计以其灵活的表现性为人们所青睐，插画艺术借鉴了绘画艺术的表现技法，它可以具象，也可抽象，创作的自由度极高，因此应用 Photoshop 的绘图工具和丰富的色彩，可以在计算机中绘制出极其特别的插画作品。

3

5. 3D 效果图的制作

在 Photoshop 中可以打开 3D 文件，并且保留文件中的纹理、光照等信息，还可以用 2D 图层为起点，从零开始创建 3D 内容。

6. 视觉创意

视觉创意一般不具有商业性，它是由设计爱好者根据个人喜好创作出来的作品，这类作品具有较强的个性特色与风格。

1.2 Photoshop CS4的常用术语

关键字
常用术语

难度水平
◆◆◇◇◇

视频学习 无

熟悉 Photoshop 中的常用术语，对掌握图像处理技术非常重要。本节介绍的几种常用术语在之后的软件功能介绍中会多次出现，所以要对其熟练掌握。

1. 像素

像素不仅是位图的最小单位，也是屏幕显示的最小单位，每个像素都被分配一个色值，图像中的像素点越多，图像越清晰。

多个小方块构成的图像

2. 分辨率

分辨率是用于度量位图图像内数据多少的一个参数，图像中包含的数据越多，图像文件就越大，表现图像的细节越清晰。

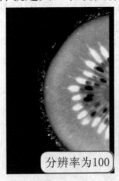

分辨率为100

分辨率为10

3. 饱和度

饱和度又称为纯度，主要指色彩的浓度，饱和度取决于该颜色中含色成分和消色成分（灰度）的比例，含色成分越大，饱和度越大，消色成分越大，饱和度越小。饱和度体现了色彩内向的品格，同一个色相，如果纯度发生了变化则会带来色彩的变化。

4. 亮度

在无彩色中，亮度最高的色为白色，亮度最低的色为黑色，中间存在一个从亮到暗的灰色系列。在有彩色中，任何一种纯色都有着自己的亮度特征。一个彩色物体表面的光反射率越大，对视觉刺激的程度就越大，呈现在人们眼中就是最亮的。

饱和度高　　饱和度低

1.3 Photoshop CS4的安装

关键字
安装过程、软件的运行

难度水平
◆◆◇◇◇

视频学习　光盘\第1章\1-3-1Photoshop CS4的安装过程、1-3-2运行Photoshop CS4程序

　　前面介绍了Photoshop CS4的主要功能及应用领域，本节将介绍Photoshop CS4的安装方法，与其他软件的安装方法相同，首先将光盘放入光驱中，然后通过光盘向导对软件进行安装。

1.3.1 Photoshop CS4的安装过程

　　在安装Photoshop CS4时，需要经过一段时间的等待，进入安装界面后按照向导提示进行安装。下面具体介绍Photoshop CS4的安装过程。

步骤1：打开安装光盘。
打开Photoshop CS4安装光盘，双击Setup.exe安装文件的图标，进入安装程序。

步骤2：检查系统配置文件。
双击文件后会弹出初始化对话框，对系统配置文件进行检查，当蓝色进度条移至最右侧时，自动进入下一步。

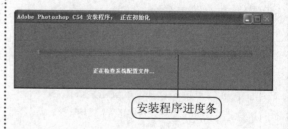

安装程序进度条

步骤3：填写序列号。
❶ 自动打开"Adobe Photoshop CS4安装-欢迎"窗口，在下方的序列号文本框中输入正确的序列号。
❷ 单击"下一步"按钮。

步骤4：接受许可协议。
在"Adobe Photoshop CS4安装-许可协议"窗口中单击"接受"按钮。

步骤5：选择安装选项。

❶ 在自动打开的选项窗口中，选择需要安
装的选项，单击"更改"按钮，可以更
改安装位置。

❷ 单击"安装"按钮确定安装。

步骤6：进行安装。

系统进入安装状态，从其中的蓝色进度条
可以查看安装进度，当蓝色进度条移至最
右侧时，软件安装完成，单击"退出"按
钮即可。

1.3.2 运行Photoshop CS4程序

　　完成 Photoshop CS4 的安装后，就可以运行软件了，下面具体介绍 Photoshop CS4 的
运行过程。

步骤1：执行菜单命令。

安装完成后，单击Windows任务栏里的"开
始>所有程序> Adobe Photoshop CS4"
命令。

步骤2：显示运行界面。

桌面上即显示PS的运行界面，系统开始运
行Photoshop CS4程序，界面颜色呈蓝色
渐变。

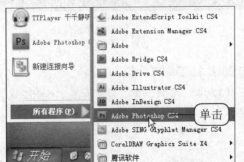

6

步骤3：运行Photoshop CS4软件。

PS运行完成后，会弹出Photoshop CS4的工作界面，此时就可以在工作界面中进行各项操作了。

【设计师之路】设计是科技与艺术的结合，是商业社会的产物，在商业社会中需要将艺术设计与创作理想进行平衡，即设计者要有客观与冷静的工作风格。

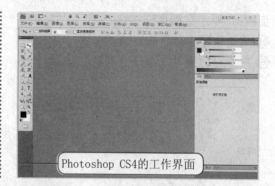

Photoshop CS4的工作界面

1.4 Photoshop CS4的界面

关键字
快速启动栏、选项卡、工具箱

难度水平
◆◆◇◇◇

视频学习 光盘\第1章\1-4-1快速启动栏、1-4-2标题选项卡

在 Photoshop CS4 中，界面进行了新的调整，整个界面呈银灰色状态，在默认的工作界面中，取消了原有的标题栏，在菜单上新增了快速启动栏，帮助用户更自由地调用应用程序及工具选项。Photoshop CS4 中的面板以最小化显示排列在操作界面右方，使整个工作区更大，便于编辑。下面详细介绍 Photoshop CS4 的操作界面。

1.4.1 快速启动栏

在工作界面最上方的快速启动栏中可以看到一组全新的选项按钮，包括启动 Bridge 按钮、查看额外内容按钮、抓手工具按钮、旋转工具按钮、文档排列按钮和屏幕模式按钮。下面具体介绍快速启动栏中的各项工具。

步骤1：单击启动Bridge按钮。

打开Photoshop CS4的工作界面，单击快速启动栏中的"启动Bridge"按钮，就可以打开Bridge界面。

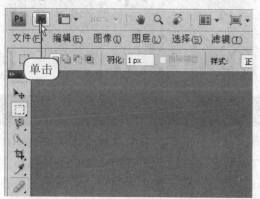

步骤2：打开素材图像。

通过Bridge可以打开素材图像，双击14.JPG图像文件和15.JPG图像文件，即可在Photoshop CS4软件中打开这两幅图像。

步骤3： 单击文档排列按钮。

❶ 单击快速启动栏中的"文档排列"按钮。

❷ 在弹出的菜单中单击"双联"按钮。

步骤4： 查看图像文件的排列方式。

两个图像文件即按照选择的方式进行排列，窗口中可以看到图像按照名称顺序进行了重新排列。

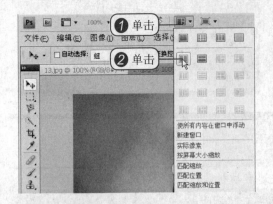

双联排列两个图像文件

1.4.2　标题选项卡

在 Photoshop CS4 中同时打开多个图像文件时，在图像窗口上方可以看到一排全新的标题选项卡，通过单击可以对图像文件进行切换，或按快捷键 Ctrl+Tab 进行切换，也可以将文件拖移出来成为一个浮动窗口，具体效果如下。

步骤1： 打开素材文件。

打开1.4.1节中的素材文件，单击图像窗口上方的15.JPG选项卡，将其拖曳出来。

步骤2： 查看图像窗口。

在图像窗口中可以看到被拖曳出来的图像文件是独立的窗口，可以将后面的文件遮挡住。

拖曳

独立的图像窗口

1.4.3　工具箱

工具箱中提供了图像绘制和编辑的各种工具，从工具的形态和名称就可以了解该工具的功能，为了方便使用这些工具，还针对每个工具设置了相应的快捷键，如果工具按钮上有图标，右击该工具或长按该工具，即会显示该工具的隐藏工具。下面介绍工具箱中的各种工具。

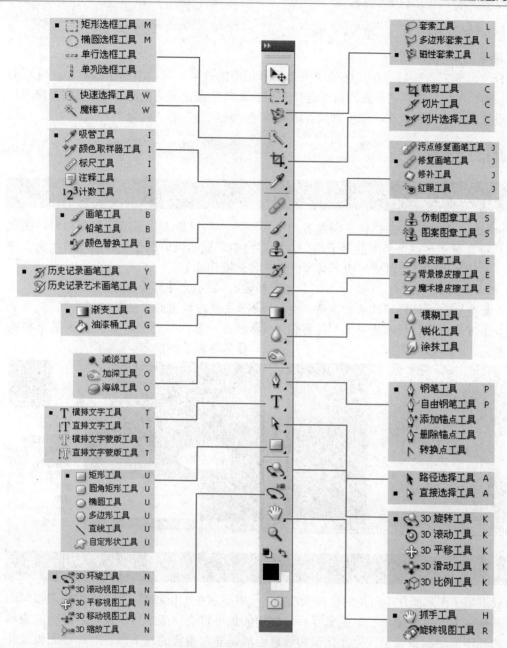

1.4.4　选项栏

　　选择工具后，在菜单栏下方会显示工具的选项栏，可以在其中设置工具的各个选项。根据选择工具的不同，显示的选项会相应地产生变化，所以选项栏也会产生变化。下面介绍两种常用的工具所对应的选项栏。

1. 矩形选框工具选项栏

　　选择"矩形选框工具"后，在其选项栏中可以通过选取方式中的按钮添加或减去选区，也可以在文本框中输入羽化值控制选区范围，还可以通过样式来设置选区的形状。

| ⬚ ▾ | ⬚⬚⬚ ⬚ | 羽化: 1 px | ☐ 消除锯齿 | 样式: | 正常 ▾ | 宽度: | ⇄ | 高度: | 调整边缘... |

2. 画笔工具选项栏

选择"画笔工具"后，在其选项栏中会显示相应的选项，可以单击"画笔"选项后的下三角按钮，在弹出的画笔形态面板中选择不同的画笔和设置画笔直径，也可以在"模式"选项中设置图形的混合模式，还可以设置画笔的"不透明度"和"流量"。

| ✎ ▾ | 画笔: ●300 ▾ | 模式: 正常 ▾ | 不透明度: 100% ▸ | 流量: 100% ▸ | ✎ |

1.4.5　状态栏

Photoshop CS4 的状态栏位于图像窗口的左下方，当以最大化显示图像窗口时，图像的状态栏将会显示在整个界面的最下端。在状态栏中，显示当前图像文件的缩放比例、文件大小、文件尺寸以及当前使用的工具等信息，具体操作如下。

步骤1：打开素材文件。

打开随书光盘\素材\1\16.JPG素材文件，在图像窗口下方可以看到状态栏中显示的图像文件信息。

步骤2：显示文件其他信息。

❶ 单击状态栏上的右三角按钮。

❷ 单击"显示"选项，在弹出的菜单中选择需要显示的信息。

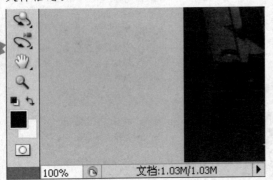

1.4.6　面板

面板汇集了图形操作中常用的选项和功能，一般显示在工作界面右侧。在编辑图像时，选择工具箱中的工具或菜单栏中的命令后，使用面板可以进一步细致地调整各选项，或将面板上的功能应用到图像上，因此认识和管理面板是非常重要的。下面将对这些面板及其相应的管理方法进行详细介绍。

1. 3D 面板

选择 3D 图层后，在面板中会显示关联的 3D 文件组件，面板的顶部将会列出网格、材料和光源按钮，底部显示在顶部选定的3D 组件的设置和选项。

2. 调整面板

"调整"面板是 Photoshop CS4 中新增的一个面板，用于选择某个对象，设置调整图层，并可通过预设的设置直接添加调整图层。

10

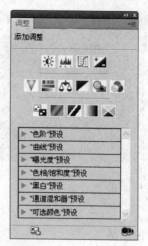

3. 蒙版面板

"蒙版"面板也是Photoshop CS4中新增的面板，只要针对蒙版进行相应的编辑，选择或在"蒙版"面板中直接创建蒙版后，可在面板中对蒙版进行设置，以便更好地调整蒙版效果。

4. 图层面板

"图层"面板用于对图层进行管理和编辑操作，面板下方的按钮都有特定的功能，单击这些按钮可以轻松地对图层进行创建和删除，同时能自由添加图层蒙版，以及设置图层混合模式和不透明度等。

5. 通道面板

"通道"面板用于控制不同颜色模式的通道，在RGB颜色模式的图像中，分别有RGB、红、绿、蓝等几种颜色信息，通过设定达到管理颜色信息的目的，在面板中还可以创建和管理通道。

6. 路径面板

"路径"面板用于对"钢笔工具"、"形状工具"等创建的路径进行编辑操作，通过该面板还可以对路径进行填充、描边，以及将路径和选区互换等操作，通过单击面板下方的按钮可以对路径进行相关操作。

提示：通过快捷键打开面板

面板也可以用快捷键进行显示或隐藏，F5对应的是"画笔"面板、F6对应的是"颜色"面板、F7对应的是"图层"面板、F8对应的是"信息"面板、Alt+F9对应的是"动作"面板。

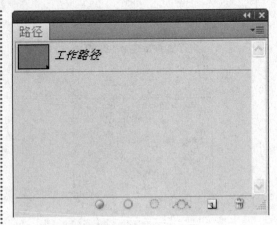

7. 颜色面板

"颜色"面板主要用于设定前景色和背景色。可以通过两种方式对颜色进行设置，一种是通过鼠标拖曳面板中的滑块对颜色进行设置，另一种是在调板中输入相应的颜色数值进行设置。

8. 历史记录面板

"历史记录"面板用于将所编辑和修改的操作步骤按顺序记录下来。单击面板中想要返回的步骤即可返回到指定的操作中，右击操作步骤可以对历史记录中的操作步骤进行设置。

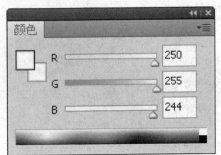

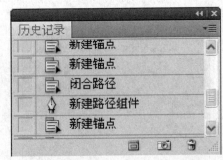

9. 字符面板

"字符"面板用于对输入文字的字体、字号、颜色以及间距等属性进行设置，也可以直接对英文字母设置大小写、下划线、删除线等。

10. 段落面板

"段落"面板用于对输入的段落文字进行段落文本设置。灵活应用段落面板可以轻松地设置段落的对齐、段落文字的缩进以及段落的格式等。

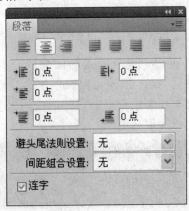

11. 动作面板

"动作"面板可以同时完成多个操作过程，适用于多个图像同时应用同一种操作过程的情况，通过"动作"面板可以选择预设的多种动作。

12. 样式面板

"样式"面板可以实现图形的立体化效果，在绘制了一个图形后，只需要单击"样式"面板中的样式效果，即可为图形添加样式，在面板中右击或单击面板下方的按钮，可以对样式进行设置。

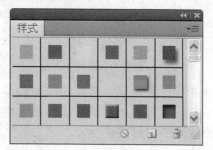

知识进阶：设置个人工作区并保存

通过前面知识的学习，用户对Photoshop CS4的工作界面的操作环境有了一定的认识。在处理图像时，工作界面的合理设置是高效编辑处理图像的基础。下面就利用所学习的Photoshop知识打造一个个性化的工作界面。

光盘	第1章 \ 设置个人工作区并保存

① 启动Photoshop CS4软件，打开随书光盘\素材\1\17.JPG素材文件，单击工作界面右侧的收缩按钮 ▶▶，将面板折叠显示。

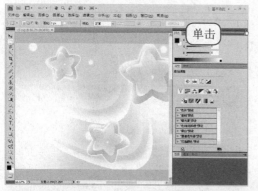

② 单击"图层"面板图标，打开"图层"面板。

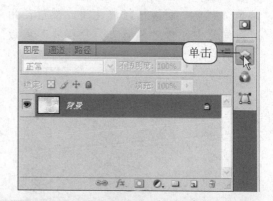

▶ **补充知识**

将面板进行组合、拆分后，如果以后还需要用到这些面板，可以保存到面板栏中，方便以后使用，大大提高了工作效率。

保存工作区后也可以删除保存的工作区，返回到默认的设置状态，方法是执行"窗口 > 工作区 > 删除工作区"命令，在"删除工作区"对话框中，选中要删除的工作区，然后单击"删除"按钮即可。

❸ 如需要隐藏"图层"面板，再次单击"图层"面板图标，即可将其隐藏。

❹ 执行"窗口>历史记录"命令，打开"历史记录"面板，如下图所示。

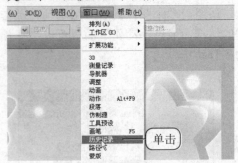

❺ 单击"历史记录"面板并按住鼠标左键不放，将其拖曳到"图层"面板所在的面板组中，释放鼠标后，"图层"面板所在的面板组中就新增了"历史记录"面板。

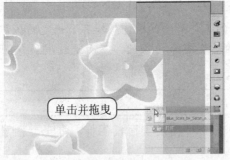

❻ 单击"颜色"面板图标，显示该面板，然后右击"颜色"面板选项卡，在弹出的菜单中单击"关闭"命令。

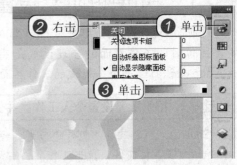

❼ 在"颜色"面板所在的面板组中可以看到"颜色"面板已经被关闭，然后使用同样的方法将"色板"、"样式"面板分别关闭。

❽ 单击"窗口>工作区>存储工作区"命令。

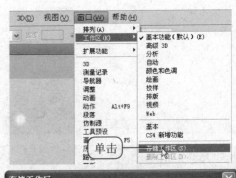

❾ 在打开的"存储工作区"对话框中输入工作区名称"我的个性工作区"，然后单击"存储"按钮即可存储此工作区。

Chapter 2

简明易懂

——Photoshop CS4的基础操作

要点导航

存储文件
对图像进行自由变换
设置图像大小
裁剪图像
显示、隐藏参考线
对画布的大小进行调整

Photoshop CS4 拥有良好的操作环境和强大的功能，从简单的工具操作到菜单命令的调用，可以帮助读者进行基础的文本及图像操作。

本章从基础的新建文件开始学习，通过简单的工具操作或菜单命令，对图像文件进行基础的编辑和操作，从图像文件的变换到图像的裁剪，再对图像的画布进行调整，快速掌握图像处理的基础应用。

2.1 文件的基础操作

难度水平
◆◇◇◇◇

关键字
新建、打开、关闭、存储

视频学习 光盘\第2章\2-1-1新建文件、2-1-2打开文件、2-1-3关闭文件、2-1-4存储文件

在Photoshop CS4中，执行文件菜单下的命令可对图像文件进行新建、打开、关闭、存储等操作。下面着重介绍文件的基本操作，以及相关快捷键的使用。

2.1.1 新建文件

新建命令用于在Photoshop中创建一个新的图像文件，新建文件通常有两种操作，可以应用文件菜单命令新建文件，也可以应用快捷键新建文件，下面介绍具体的操作步骤。

步骤1： 应用菜单命令新建文件。

启动Photoshop CS4，在菜单栏中单击"文件>新建"命令，打开"新建"对话框。

步骤2： 在对话框中设置各项参数。

❶ 在"新建"对话框中，分别对文件的名称、大小、分辨率、颜色模式、背景内容等选项进行设置。

❷ 设置完成后，单击"确定"按钮，即可新建一个文件。

文件(F)	编辑(E)	图像(I)	图层(L)	选择(S)	滤镜
新建(N)...				Ctrl+N	
打开(O)...				Ctrl+O	
在 Bridge 中浏览(B)...				Alt+Ctrl+O	
打开为...				Alt+Shift+Ctrl+O	
打开为智能对象...					
最近打开文件(T)				▶	
共享我的屏幕...					
Device Central...					
关闭(C)				Ctrl+W	
关闭全部				Alt+Ctrl+W	
关闭并转到 Bridge...				Shift+Ctrl+W	

单击

新建

名称(N)：未标题-1
预设(P)：默认 Photoshop 大小
大小(I)：
宽度(W)：16.02　厘米
高度(H)：11.99　厘米
分辨率(R)：72　像素/英寸
颜色模式(M)：RGB 颜色　8 位
背景内容(C)：白色
⋁ 高级

确定
取消
存储预设(S)...
Device Central(E)...

❷ 单击

❶ 设置

图像大小：
452.2K

2.1.2 打开文件

打开命令用于在Photoshop中打开一个已存在的图像文件，然后进行查看或编辑，打开文件通常有两种方法，可以应用菜单命令执行，也可以通过快捷键进行操作，下面介绍具体的操作步骤。

步骤1： 应用菜单命令打开文件。

启动Photoshop CS4，在菜单栏中单击"文件>打开"命令，即打开"打开"对话框。

步骤2： 在对话框中打开路径。

❶ 在"打开"对话框中，单击"查找范围"下三角按钮，在弹出的下拉列表中，打开文件的存储路径，单击文件名。

❷ 单击"打开"按钮，打开选中的文件。

16

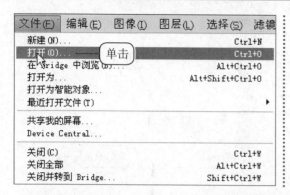

2.1.3 关闭文件

关闭命令用于在 Photoshop 中关闭当前的图像窗口，即关闭文件。关闭文件的操作可以通过菜单命令执行，也可以通过快捷键执行，还可以直接单击关闭按钮关闭文件，下面介绍具体的操作步骤。

步骤1：应用菜单命令关闭文件。

单击"文件>关闭"命令，即可关闭当前图像窗口。

步骤2：单击"关闭"按钮 ☒。

直接单击当前文件标题右侧的"关闭"按钮 ☒，即可关闭当前图像窗口。

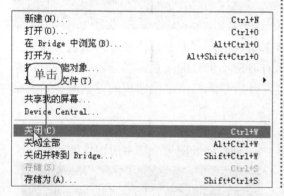

2.1.4 存储文件

存储命令用于在 Photoshop 中将当前图像文件保存到指定的路径下，下面具体介绍存储文件的方法。

步骤1：应用菜单命令存储文件。

单击"文件>存储为"命令，将处理好的图像进行存储。

【设计师之路】现代设计师必须是具有宽广的文化视角，深邃的智慧和丰富的知识；必须是具有创新精神，知识渊博、敏感并能解决问题的人。

步骤2：设置存储路径。

❶ 在"保存在"对话框中设置存储路径。

❷ 在"文件名"文本框中输入需要的文件名，并设置文件格式。

❸ 设置完成后单击"保存"按钮，即可进行存储。

17

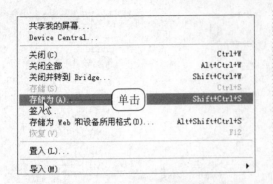

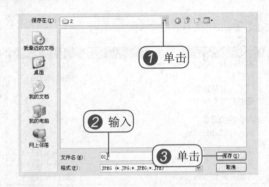

2.2 图像的相关术语与文件格式

关键字
像素、分辨率、矢量图、位图

难度水平
◆◇◇◇◇

视频学习 无

在计算机绘图及设计领域中，了解时常遇到的基本概念和相关术语是非常有必要的，常用的基本概念有像素、分辨率、矢量图、位图以及文件的常用格式等，下面就分别进行介绍。

18

2.2.1 像素和分辨率

Photoshop 中的图像都是由不同颜色的像素组成的，在一个单位长度内所包含像素的个数也就是这个图像的分辨率，像素和分辨率有着密不可分的关系，当分辨率越高时，单位面积的像素就越多，图像也就越清晰；反之，分辨率降低，单位面积的像素减少，就会使图像产生锯齿边缘和模糊的效果。

1. 原始图像效果
查看清晰的素材图像效果。

2. 调整分辨率后的图像效果
查看降低图像分辨率后图像的效果。

查看降低分辨率后的图像效果

原始图像效果

2.2.2 矢量图和位图

Photoshop 是一款图像处理软件，所以图像的概念是非常重要的，图像可分为矢量图和位图，一般在 Photoshop 中处理过的图像是位图图像，矢量图和位图的区别在于组成方式不同，下面具体介绍矢量图和位图的概念。

1. 矢量图

矢量图是由点、线条、图形组成的，其中每一个对象都是独立的个体，矢量图的清晰度与分辨率的大小无关，对矢量图形进行缩放时，图形对象仍保持原有的清晰度。

2. 位图

位图是由一连串排列的像素组合而成的，并不是独立的图形对象，位图是利用许多颜色以及颜色间的差异来表现图像的，因此位图能很细致地表现出图像的色彩差异性。

由线条和图形组成的矢量图

由像素组合而成的位图

2.2.3 图像文件的存储格式

不同的图像文件格式，其存储方式及应用范围也不同。有时为了节约空间，对图像文件采用不同的压缩方式，有时为了符合输出设备的要求，必须将文件存储为某种特定的格式，也就出现了图像世界中的多种图像文件格式，下面对常用的几种格式进行介绍。

1. PSD 格式

PSD 是 Photoshop 专用的文件格式，也是新建文件时默认的存储文件类型。

2. JPEG 格式

JPEG 是一种压缩效率很高的文件格式，可以通过设置改变图像的质量。

3. GIF 格式

GIF 格式由于文件容量比其他格式小，所以很适合于网络图片的传输，而且它还支持透明背景以及动画格式。

4. TIIF 格式

TIIF 格式一般应用于不同的平台，TIIF格式可以设置为透明背景的效果。

2.3 图像的基本编辑

难度水平
◆◆◇◇◇

关键字
剪切、拷贝、粘贴、自由变换图像

视频学习 光盘\第2章\2-3-1剪切、拷贝、粘贴

Photoshop CS4 中的基本编辑操作大多都集中在编辑菜单下，如对图像进行剪切、拷贝、粘贴和变换等命令，下面分别对各项命令进行介绍。

2.3.1 剪切、拷贝和粘贴

剪切命令用于将选区内的图像复制到剪贴板上，同时清除选区内的图像。执行粘贴命令后即可将剪贴板中的内容粘贴到当前图像文件新的图层中，拷贝命令用于将选区内的图像复制到剪贴板上，但原选区不做任何修改，下面对其分别进行介绍。

步骤1：在图像中建立选区。

打开随书光盘\素材\2\05.JPG图像文件，单击工具箱中的"矩形选框工具"按钮囗，在图像上进行拖曳，建立选区。

拖曳

步骤3：对选区进行复制。

❶ 建立选区后，执行"编辑>拷贝"命令，

❷ 执行"编辑>粘贴"命令，将选中的区域进行粘贴。

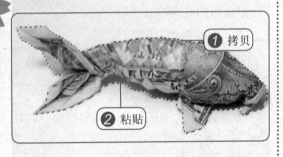

❶ 拷贝

❷ 粘贴

步骤2：对选区进行剪切。

执行"编辑>剪切"命令，即可将选中的区域剪切掉。

被剪切的区域呈白色显示

步骤4：查看粘贴图像后的效果。

使用"移动工具"将粘贴的图像进行移动，即可看到选区内的图像被粘贴到新建的图层中。

粘贴后的图像效果

2.3.2 自由变换图像

自由变换命令可对选区、图层或路径连续完成多个变换操作，如缩放、旋转、变形以及透视等，通过变换编辑框对图像进行变换操作。下面就对变换命令的不同变换方式分别进行介绍。

步骤1：执行菜单命令。

打开随书光盘\素材\2\06.JPG图像文件，在图层面板中执行解锁操作，执行"编辑>自由变换"命令。

步骤2：对图像进行缩放变换。

将鼠标放在右下角控制点上进行拖曳，即可对图像进行放大或缩小的变换。

提示：对图像进行等比例的缩放

在缩放图像的时候，使用鼠标拖曳的同时按Shift键可保持原图像的长宽比。

原始图像效果

拖曳

步骤3： 对图像进行旋转变换。

当鼠标变为旋转形状时，单击并拖曳鼠标，即可实现对图像进行旋转变换。

步骤4： 对图像进行透视变换。

右击鼠标，在弹出的快捷菜单中，选择"透视"命令，在控制点上单击并拖曳角控制点，即可对图像进行透视变换。

旋转拖曳

拖曳

21

2.4 图像调整操作

难度水平
◆◆◇◇◇

关键字
图像大小、画布大小、裁剪图像

视频学习 光盘\第2章\2-4-2限定画布大小、2-4-3裁剪图像

在图像处理过程中，需要对图像的大小以及画布的大小进行精确设置，而图像大小和画布大小又存在着一定的区别，下面分别对其具体操作进行讲解。

2.4.1 设置图像大小

在 Photoshop 中，可以通过调整图像的大小来调整图像的像素大小、打印尺寸和分辨率等。下面具体介绍图像大小的设置。

步骤1： 执行菜单命令。

打开图像后，执行"图像>图像大小"命令，打开"图像大小"对话框。

步骤2： 设置图像的像素大小。

❶ 在对话框中，分别对"宽度"和"高度"及"分辨率"进行设置，

❷ 设置完成后，单击"确定"按钮。

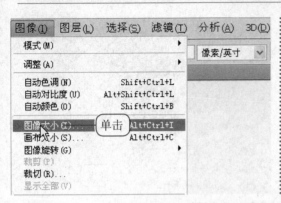

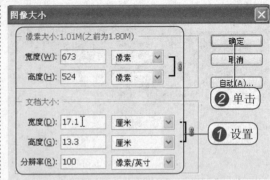

2.4.2 限定画布大小

画布大小命令不仅可以添加或移去现有图像周围的工作区，还可以通过减小画布区域来裁切图像，下面对具体操作进行讲解。

步骤1： 打开素材图像。

打开随书光盘\素材\2\07.JPG图像文件，执行"图像>画布大小"命令，打开"画布大小"对话框。

步骤2： 设置画布大小。

❶ 在对话框中分别对画布的"宽度"、"高度"、"画布扩展颜色"等选项进行设置。

❷ 设置完成后单击"确定"按钮。

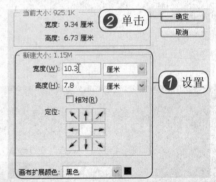

设置画布后的图像效果

原始图像效果

步骤3： 查看设置后的效果。

执行上一步操作后，查看设置画布后的效果。

【设计师之路】设计师一定要自信，坚信自己的个人信仰、经验、眼光、品味，不盲从、不孤芳自赏、不骄、不浮，不为个性而个性，不为设计而设计，汲取、消化优秀设计精华，实现新的创造。

2.4.3 裁剪图像

裁剪图像就是对部分图像使用裁剪工具进行裁剪，以形成突出或加强构图效果，一般使用工具箱中的裁剪工具对图像进行修剪，下面就对其具体操作进行介绍。

步骤1： 单击裁剪工具。

❶ 打开随书光盘\素材\2\08.JPG图像文件。

❷ 单击工具箱中的"裁剪工具"按钮 ⛏，在图像中进行拖曳，建立一个裁剪区域。

步骤3： 查看裁剪后的效果。

单击选项栏中的"提交当前裁剪操作"按钮 ✔，确定之前设置的裁剪操作，在画面中查看裁剪后的图像效果。

步骤2： 调整裁剪边框。

适当调整裁剪框的边框，可以看到裁剪区域以外的图像区域呈黑色显示。

查看除裁剪区域外的黑色背景图像效果

查看裁剪后的图像效果

2.5 工具箱中的颜色设置

关键字
前景色、背景色、吸管工具

视频学习 光盘\第2章\2-5-2吸管工具

难度水平
◆◆◇◇◇

在Photoshop CS4中使用绘图工具时，经常会用到颜色设置功能来设置各种颜色，下面介绍几中常用的设置颜色的方法。

2.5.1 设置前景色和背景色

工具箱中为用户提供了用来设置前景色和背景色的前景色块和背景色块，单击色块，即可打开相应的拾色器对话框。下面通过拾色器（前景色）对话框来设置前景颜色。

步骤1： 打开对话框。

单击工具箱中的前景色块，打开"拾色器（前景色）"对话框。

步骤2： 选择颜色。

❶ 在对话框中，拖曳色相条上的三角形滑块，选择合适的色相。

❷ 从左侧的颜色库中选择颜色，然后单击"确定"按钮。

拾色器"前景色"对话框

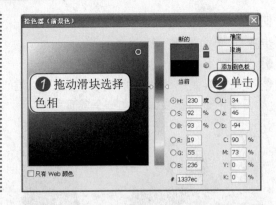

① 拖动滑块选择色相

② 单击

2.5.2 吸管工具

利用吸管工具可以从当前图像上进行采样，采集的色样可用于指定新的前景色或背景色，下面具体介绍操作步骤。

步骤1：选择吸管工具。

打开随书光盘\素材\2\09.JPG素材文件，在工具箱中单击"吸管工具"按钮 ，选中"吸管工具"。

步骤2：调整取样大小。

① 在选项栏中，单击"取样大小"下三角按钮。

② 在下拉列表中选择合适的取样大小。

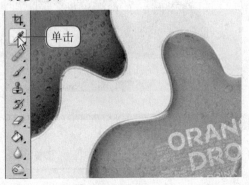

单击

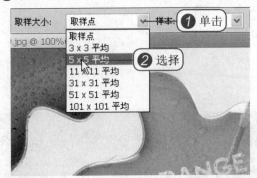

取样大小： 取样点 择本：① 单击

取样点
3 × 3 平均
5 × 5 平均 ② 选择
11 × 11 平均
31 × 31 平均
51 × 51 平均
101 × 101 平均

步骤3：在图像上吸取色样。

① 根据之前设置的"吸管工具" 在图像上单击吸取颜色。

② 可以看到前景色变为吸取的橙黄色。

步骤4：设置背景色。

① 按住Alt键的同时，用"吸管工具" 吸取紫色图像上的颜色。

② 可以看到吸取的颜色自动变为背景色。

① 单击

② 查看前景色

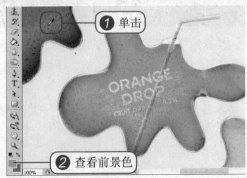

① 单击

② 查看前景色

2.6 辅助显示工具的应用

视频学习 无

难度水平
◆◇◇◇◇

关键字
缩放工具、标尺、网格、参考线

在Photoshop软件的图像处理中，为了便捷地编辑图像，可以使用缩放工具、标尺、网格、参考线等辅助显示工具，下面分别对其进行介绍。

2.6.1 缩放工具

在处理图像时，经常要缩小或放大视图的显示比例，以便查看和编辑图像。缩放工具在默认情况下是以放大工具显示的，下面具体介绍如何使用缩放工具放大视图。

步骤1：应用缩放工具放大视图。

打开随书光盘\素材\2\10.JPG图像文件，单击工具箱中的"缩放工具"按钮 🔍，使用鼠标在图像中进行拖曳。

步骤2：查看放大后的效果。

释放鼠标后即可查看到放大后的图像效果。

拖曳

查看放大后的图像效果

2.6.2 标尺、网格和参考线

应用标尺、网格和参考线可以帮助用户精确地选择或编辑图像，并且可以通过执行"视图>显示"命令，将其显示或隐藏，对图像本身没有影响，下面分别对其进行介绍。

步骤1：应用菜单命令显示标尺。

打开随书光盘\素材\2\11.JPG图像文件，执行"视图>标尺"命令，即可将标尺显示出来。

步骤2：应用菜单命令显示网格。

执行"视图>显示>网格"命令，即可将网格显示出来。

▶ **补充知识**

使用参考线对于确定图像或元素的位置很有帮助，它是悬浮在整个图像上但不会打印出来的线条，用鼠标在标尺上单击并拖曳，即可得到一条参考线，可以移动或删除"参考线"，还可以将"参考线"锁定、隐藏，执行"视图>显示>参考线"命令，可将参考线隐藏或显示。

25

显示出来的标尺

显示出来的网格

步骤3： 使用鼠标拖曳创建参考线。

单击工具箱中的"移动工具"按钮，在标尺上单击并拖曳，即可创建一条参考线。

【设计师之路】平面设计作为一种职业，设计师职业道德的高低和设计师人格的完善有很大的关系，往往决定一个设计师设计水平的就是人格的完善程度，程度越高其能力将会协助他越过一道道障碍。

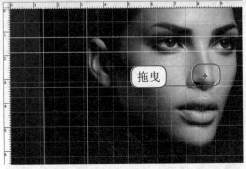

拖曳

─··知识进阶：扩大"画布"设置图像边框··─

运用设置画布的大小，为背景颜色分界不明显的图像文件添加边框效果，使图像的深浅对比度加强，将原有的图像凸显出来。

光盘	第 2 章 \ 扩大"画布"设置图像边框

❶ 执行"文件>打开"命令，打开随书光盘\素材\2\12.JPG素材文件。

原始图像文件

❷ 执行菜单栏中的"图像>画布大小"命令，打开"画布大小"对话框。

单击

❸ 在对话框中，设置宽度和高度分别为13.5、16厘米，将"画布扩展颜色"设置为R129，G129，B129，设置完成后单击"确定"按钮。

❹ 根据上一步操作调整画布大小后，查看为图像添加了灰色边框后的效果。

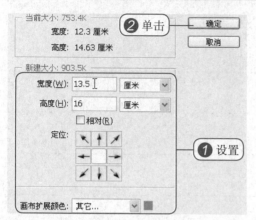

查看背景添加灰色边框效果

❺ 执行"图像>画布大小"命令，在打开的对话框中，设置宽度和高度分别为15、17.5厘米，再将"画布扩展颜色"设置为黑色，设置完成后，单击"确定"按钮。

❻ 根据上一步操作调整画布大小后，查看为图像添加了黑色边框后的效果。

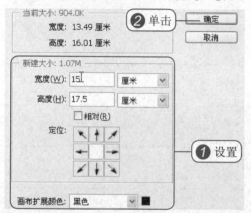

查看背景添加黑色边框效果

❼ 在"画布大小"对话框中设置各个选项，为图像添加白色边框。

❽ 根据上一步操作调整画布大小后，查看为图像先后添加了灰色、黑色、白色边框后的效果。

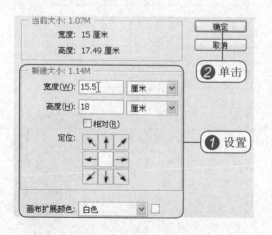

查看最终效果

27

读书笔记

Chapter 3

轻松把握

——基础工具及选区的应用

要点导航

移动图像
选取图像
复制并合成图像
图像选取的基本操作
变换选区
对多个图像进行融合

在图像处理中，选区的使用相当频繁，对于图像的选取、变形、色彩变换等一系列的操作，都需要将选区作为辅助操作进行设置。

本章将从图像选区的创建开始介绍，为图像的特定部分设置选区，在选区创建之后可以对选区进行移动、复制、填充、变换等操作，还可以对选区的图像进行变换和设置。

3.1 移动工具

难度水平
◆◇◇◇◇

视频学习　光盘\第3章\3-1-2移动并复制图像

移动工具是 Photoshop 最常用的工具，其主要功能是将选区或图层拖曳到图像中合适的位置，并且在信息调板打开的情况下，可以看到移动图像的精确距离，移动工具还可以移动并复制选区或图层，下面具体讲述如何使用移动工具。

3.1.1 移动图像

移动图像是 Photoshop 中最常用的操作，使用移动工具可以固定移动图像，也可以任意固定移动图像，下面具体介绍操作步骤。

步骤1： 打开素材选择工具。

❶ 执行"文件>打开"命令，打开随书光盘\素材\3\01.JPG素材文件，为背景图层解锁。

❷ 在工具箱中单击"移动工具"按钮 。

30

❶ 为背景图层解锁

步骤2： 固定移动图像。

❶ 按住Shift键，同时使用"移动工具"在图像上单击并拖曳，或按键盘上的方向键，以每次10pixel的距离固定移动图像。

❷ 查看移动后的图像效果。

❶ 单击并拖曳

❷ 移动后的图像效果

步骤3： 任意移动图像。

❶ 使用"移动工具"在图像上单击并拖曳图像，即可将图像放置在合适的位置。

❷ 查看移动后图像的效果。

【设计师之路】平面设计者不仅要把握传统的设计工具，如画笔、绘画笔和相应的度量工具等，更要把握计算机和绘图软件等现代化的设计工具及相关的印刷技术工艺知识，因为这种非常高效、高质量、便利的工具将被广泛地应用。

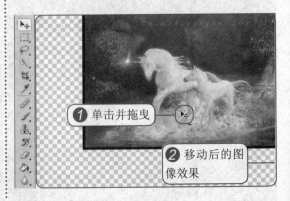

❶ 单击并拖曳

❷ 移动后的图像效果

3.1.2 移动并复制图像

移动工具可以用于移动并复制图像，在移动图像或选区的同时按住 Alt 键，即可在原图像不变的基础上复制生成一个相同的图像，下面介绍具体的操作步骤。

步骤1：选择工具。

打开3.1.1节中的素材文件，在工具箱中单击"移动工具"按钮 ，选中"移动工具"。

步骤2：移动并复制图像。

按住Alt键，可以看到鼠标变为黑色的三角形，然后在图像中单击并拖曳复制图像。

单击

单击并拖曳

步骤3：调整图层顺序。

① 在"图层"面板中，双击"背景"图层中的"锁"图标，打开"新建图层"对话框，单击"确定"按钮，为"背景"图层解锁。

② 选取"图层0"，将其拖曳到"背景副本"图层的上一层。

步骤4：擦除多余图像查看效果。

① 选择工具箱中的"橡皮擦工具"按钮 ，使用该工具在白马右侧涂抹，将此处图像擦除，显示"背景副本"图层中的图像。

② 在画面中查看擦除多余图像后的效果，将2个图像融合在一起。

① 单击

② 调整图层顺序

① 擦除

② 将2个图融合

3.2

难度水平

◆◇◇◇◇

选框工具组

视频学习　无

关键字

矩形选框工具、椭圆选框工具

本节讲述的是在 Photoshop 中，使用工具箱中的选框工具创建规则的选区，这些工具包括矩形选框工具、椭圆选框工具、单行选框工具以及单列选框工具，运用这些工具可以选取规则图像及选区。

31

3.2.1　矩形选框工具

　　使用矩形工具在图像中选取图像时，需要通过鼠标的拖曳指定矩形图像区域，可以创建出矩形或正方形的选区，然后可以对选区进行组合或编辑，具体的应用步骤如下。

步骤1：选择矩形选框工具。

打开随书光盘\素材\3\02.JPG素材文件，在工具箱中单击"矩形选框工具"按钮，将"矩形选框工具"选中。

步骤2：绘制矩形选区。

❶ 当鼠标变为十字形状时，在页面中单击并拖曳。

❷ 释放鼠标后即可创建绘制的矩形选区效果。

3.2.2　椭圆选框工具

　　椭圆选框工具可以在图像或图层中创建椭圆形或正圆形的选区，通过拖曳鼠标进行绘制椭圆形选区，下面介绍具体的操作方法。

步骤1：选择椭圆选框工具。

打开3.2.1节中的素材文件，在工具箱中选择"矩形选框工具"下的隐藏工具选项"椭圆选框工具"。

步骤2：绘制椭圆形选区。

使用"椭圆选框工具"在画面中单击并拖曳，绘制一个合适大小的椭圆形选区。

提示：绘制正圆选区

　　使用"椭圆选框工具"可以绘制正圆形的选区，按住Shift键的同时拖曳鼠标，释放鼠标即可绘制出一个正圆形的选区。

3.2.3 单行、单列选框工具

单行选框工具和单列选框工具都可以用来绘制横向线段和竖向线段,其选择的宽度均为1px。使用单行选框工具或单列选框工具绘制选区时,在要选择的区域旁单击,然后拖曳到精确的位置即可,下面介绍具体的操作步骤。

步骤1:选择单行选框工具。

打开随书光盘\素材\3\03.JPG素材文件,在工具箱中选择"矩形选框工具"下的隐藏工具选项"单行选框工具"。

步骤2:绘制横向选区。

❶ 使用"单行选框工具"在画面中单击并拖曳,绘制横向选区。

❷ 查看绘制等距的多行横向选区。

步骤3:选择单列选框工具。

按快捷键Ctrl+D取消选区,在工具箱中选择"矩形选框工具"下的隐藏工具选项"单列选框工具"。

步骤4:绘制竖向选区。

❶ 使用"单列选框工具"在画面中单击并拖曳,绘制竖向选区。

❷ 查看绘制等距的多行竖向选区。

3.3 套索工具组

关键字
套索、多边形套索、磁性套索工具

视频学习 光盘\第3章\3-3-3磁性套索工具

难度水平
◆◆◇◇◇

套索工具组是Photoshop很常用的工具,运用套索工具组中的工具来选取不规则形状的图形非常方便快捷,套索工具组包括套索工具、多边形套索工具、磁性套索工具,下面分别进行介绍。

33

3.3.1 套索工具

套索工具对于绘制不规则的选区十分有用，可以通过鼠标移动的位置手动创建任意形状的选区，套索工具一般用于选取一些外形比较复杂的图形，下面介绍具体的操作步骤。

步骤1：打开素材选择工具。

打开随书光盘\素材\3\04.JPG素材文件，单击工具栏中的"套索工具"按钮 ⊘ 。

步骤2：绘制选区。

❶ 使用"套索工具"在图中拖曳绘制选区边框即可创建选区。

❷ 释放鼠标即可得到绘制的自由选区。

▶ **你问我答**

　　问：使用套索工具能自动将未完成的选区绘制完成吗？

　　答：使用套索工具绘制选区时，只要释放鼠标左键，系统将自动在鼠标单击的起始位置和鼠标释放的位置之间进行连接，作为绘制的选区。

3.3.2 多边形套索工具

多边形套索工具用来选取不规则的多边形选区，通过鼠标的连续单击创建选区边缘，多边形套索工具适用于选择一些复杂的、棱角分明的图像，下面介绍具体的操作步骤。

步骤1：打开素材选择工具。

打开随书光盘\素材\3\05.JPG素材文件，在工具箱中选择"套索工具"下的隐藏工具选项"多边形套索工具"。

步骤2：绘制选区。

❶ 使用"多边形套索工具"在图中单击绘制选区边框即可创建选区。

❷ 释放鼠标即可得到多边形选区效果。

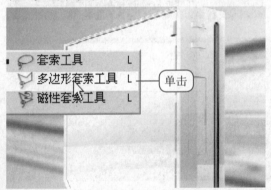

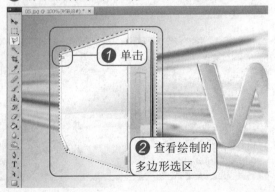

3.3.3 磁性套索工具

磁性套索工具适用于选取复杂的不规则图形，以及边缘与背景对比强烈的图形。在使用套索工具绘制选区时，系统将套索路径自动吸附在图像边缘，下面介绍具体的操作步骤。

步骤1： 打开素材选择工具。

打开随书光盘\素材\3\06.JPG素材文件，在工具箱中选择"套索工具"下的隐藏工具选项"磁性套索工具"。

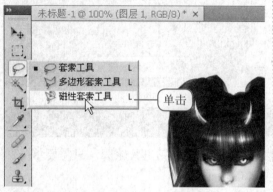

步骤2： 绘制选区。

❶ 使用"磁性套索工具"在图中拖曳绘制选区边框即可创建选区。

❷ 复制选区中的人物图像至新图层上。

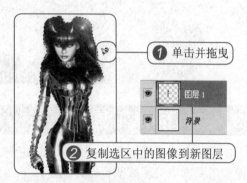

步骤3： 调整图层顺序。

❶ 打开随书光盘\素材\3\07.JPG素材文件，将素材图像复制到"图层1"之下。

❷ 查看调整图层顺序后的图像效果。

【设计师之路】设计的提高必须在不断的学习和实践中进行，设计师的广泛涉猎和专注是既相互矛盾又统一的，前者是灵感和表现方式的源泉，后者是工作态度。

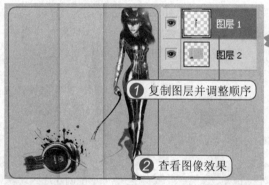

35

3.4 魔棒工具组

难度水平
◆◆◇◇◇

关键字
快速选择工具、魔棒工具

视频学习 光盘\第3章\3-4-2魔棒工具

魔棒工具组可以用来选取颜色相似的图像选区，魔棒工具组中包括快速选择工具和魔棒工具，这两种工具都可以根据特定的数值在其选项栏中设置相应的参数值，下面分别对其进行介绍。

3.4.1 快速选择工具

快速选择工具可以快速地选取图像中的区域，只需要将鼠标拖曳到需要选取的图像上，即可将鼠标所到之处都创建为选区，还可以在选项栏中设置合适的画笔大小来创建选区，下面介绍具体的操作步骤。

步骤1：打开素材选择工具。

打开随书光盘\素材\3\08.JPG素材文件，在工具箱中选择"魔棒工具"下的隐藏工具选项"快速选择工具"。

步骤2：创建选区。

❶ 使用"快速选择工具"在图像上单击后进行拖曳。

❷ 可以看到页面中图像轮廓被选取。

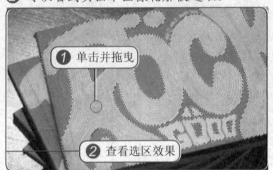

3.4.2 魔棒工具

魔棒工具是通过图像中相似的颜色来创建选区的，不必勾勒出其轮廓，只需要单击图像中需要选取的区域即可创建选区，下面介绍具体的操作步骤。

步骤1：选择工具创建选区。

❶ 打开随书光盘\素材\3\09.JPG素材文件，在工具箱中单击"魔棒工具"按钮。

❷ 在图像上单击"创建选区"。

步骤2：添加选区。

单击属性栏中的"添加到选区"按钮，继续在人物脸部位置单击"添加选区"。

步骤3：打开素材图像并复制图像。

打开随书光盘\素材\3\10.JPG素材文件，将人物图像复制到打开的素材图像中，并在"图层"面板中自动生成"图层1"。

【设计师之路】在设计中最关键的是意念，好的意念需要学养和时间去孵化。设计需要开阔的视野，使信息有广阔的来源。艺术之间本质上是共通的，文化与智慧的不断补给是成为设计界长青树的法宝。

自动生成的图层

图层 1

背景

步骤4：设置色彩平衡。

❶ 将图像载入选区，单击面板下方的"创建新的填充或调整图层"按钮 ⬭，在弹出的菜单中选择"色彩平衡"命令。

❷ 在"调整"面板中设置色调参数。

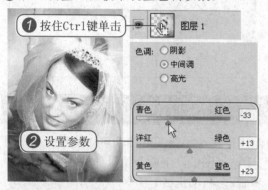

步骤5：使用橡皮擦工具。

❶ 单击工具箱中的"橡皮擦工具"按钮 ◢，在人物脸部及人物图像边 进行擦除，使背景与人物图像更加融合。

❷ 在画面中查看擦除多余图像后的效果。

3.5 选区的基本操作

难度水平
◆◆◆◇◇

关键字
反向选择、变换选区、色彩范围

视频学习　光盘\第3章\3-5-2移动选区、3-5-3变换选区、3-5-4应用色彩范围设置选区

已经学习了如何创建选区，在创建好选区后，可以对选区执行一些基本操作，包括取消选择和反向选择选区、移动选区、变换选区，以及通过色彩范围对颜色区域进行设置等，本节将对其进行详细介绍。

3.5.1 取消和反向选择选区

在对选区选择之后，执行菜单命令即可快速地将选区取消，若对选区进行反向选择操作，运行"选择"菜单下的"反向"命令即可，下面介绍具体的操作步骤。

步骤1：打开素材选择工具。

打开随书光盘\素材\3\11.JPG素材文件，在工具箱中单击"快速选择工具"按钮 ◢，创建选区。

步骤2：反向选择选区。

❶ 执行"选择>反向"命令，即可反选选区。

❷ 查看执行反向命令后的选区效果。

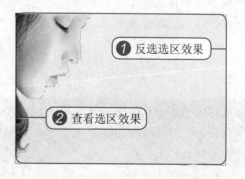

步骤3：取消选择选区。

❶ 执行"选择>取消选择"命令，即可将选中的选区区域取消选择。

❷ 查看取消选择选区后的图像效果。

【设计师之路】成功的设计作品是中和了许多智力劳动的结果，涉猎不同的领域，担当不同的角色，可以让我们保持开阔的视野。

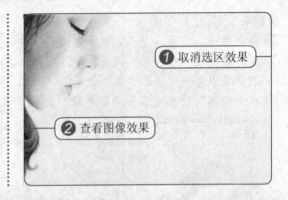

❶ 取消选区效果

❷ 查看图像效果

3.5.2 移动选区

创建好选区后，可以对选区或选区中的图像进行移动，选区的移动可以通过任何一种创建选区工具来执行，而移动工具则可以用来移动选区图像，下面介绍具体的操作步骤。

步骤1：应用椭圆选框工具创建选区。

❶ 打开随书光盘\素材\3\12.JPG素材文件，在工具箱中单击"椭圆选框工具"按钮◎。

❷ 在画面中单击并拖曳创建选区。

步骤2：移动选区。

设置属性栏中的选区方式为"新选区"，将鼠标光标移动到选区边 ，当鼠标变为 形状时，对选区进行拖曳即可移动选区。

❶ 单击

❷ 单击并拖曳

拖曳

步骤3：移动选区中的图像。

❶ 单击工具箱中的"移动工具"按钮。

❷ 使用"移动工具"拖曳步骤2中的椭圆选区，即可将选区中的图像进行移动，原图像区域将以背景色白色进行填充。

❸ 查看移动后的图像效果。

❸ 查看移动后的图像效果

❶ 单击

❷ 单击并拖曳

提示：移动选区中的图像到其他窗口

可以使用"移动工具"在同一个图像窗口中移动选区中的图像，也可以将所选择的图像移动到其他窗口。

3.5.3 变换选区

使用变换选区命令可以对选区进行变换操作，其菜单选项与自由变换的选项相同，可以对选区进行缩放、旋转、变形等操作，下面介绍具体操作步骤。

步骤1： 新建文件置入素材文件。

新建一个图形文件，设置宽度和高度分别为30、20厘米，将随书光盘\素材\3\13.JPG素材文件置入到新建文件中。

置入图像

步骤3： 变换选区。

执行"选择>变换选区"命令，单击鼠标右键，在弹出的快捷菜单中选择"斜切"命令，设置选区的斜切效果。

设置斜切效果

步骤5： 水平翻转并缩小图像。

❶ 按快捷键Ctrl+T打开"自由变换"工具，再单击右键，在弹出的快捷菜单中选择"水平翻转"命令，将复制的图像水平翻转。

❷ 调整图像大小后按Enter键完成变换。

步骤2： 绘制选区。

❶ 选择工具箱中的"矩形选框工具"。

❷ 使用"矩形选框工具"在图像上单击并拖曳，创建选区。

❶ 单击

❷ 创建选区

步骤4： 复制并水平翻转。

按Enter键确定变换，在"图层"面板中，将步骤3中变换的选区图像复制，并粘贴至新图层"图层1"上。

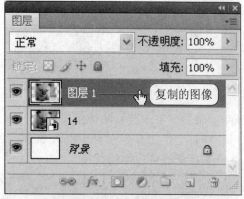

复制的图像

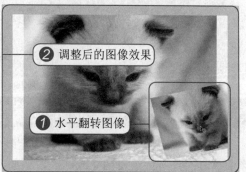

❷ 调整后的图像效果

❶ 水平翻转图像

39

步骤6：打开素材图像。

① 将随书光盘\素材\3\14.JPG素材文件置入到文件中，将其不透明度设置为30%。

② 适当调整图像的位置

② 调整图像位置

① 设置不透明度

正常　　　　　不透明度：30%

步骤7：添加"自然饱和度"调整图层。

① 按Ctrl键的同时单击"图层1"的图层预览图，将图层中的图像载入选区。

② 单击"创建新的填充或调整图层"按钮，为图层添加"自然饱和度"调整图层。

③ 在"调整"面板中设置"自然饱和度"的值为50，"饱和度"的值为85。

步骤8：添加投影图层样式。

① 双击"图层1"，在打开的"图层样式"对话框中选中"投影"复选框。

② 在对话框中设置"角度"、"距离"、"扩展"、"大小"等参数。

③ 设置完成后，单击"确定"按钮。

40

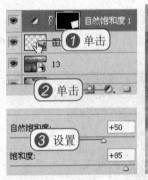

① 单击

② 单击

③ 设置

自然饱和度：　+50

饱和度：　+85

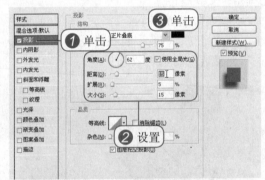

③ 单击

① 单击

② 设置

步骤9：添加文字，查看图像效果。

使用"横排文字工具"在页面中添加合适的文字，然后查看页面中的效果。

【设计师之路】设计的学习可能有很多不同的路，这是由设计的多元化知识结构决定的，不管你以前是做什么的，在进入设计领域后，你以前的阅历都将影响你，你将面临挑战与被淘汰的可能。

查看图像效果

3.5.4　应用色彩范围设置选区

　　应用色彩范围命令可以在选取特定颜色范围时预览到调整后的效果，并且可以按照图像中色彩的分布特点自动生成选区，下面介绍应用色彩范围设置选区的操作步骤。

步骤1：打开素材图像。

打开随书光盘\素材\4\15.JPG素材文件，再执行"选择>色彩范围"命令。

步骤2：吸取颜色。

❶ 在打开的"色彩范围"对话框中调整"颜色容差"为120。

❷ 使用"吸管工具"在图像中白色云朵位置处单击，吸取颜色。

❸ 设置完成后，单击"确定"按钮。

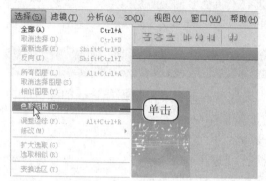

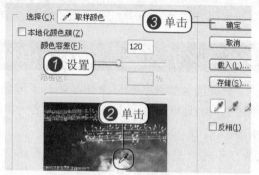

步骤3：反向选择选区。

❶ 执行步骤2后，可以看到应用"色彩范围"设置的颜色区域。

❷ 按快捷键Ctrl+Shift+I反选选区，在"图层"面板中，单击面板底部的"创建新图层"按钮，新建一个图层。

步骤4：设置前景色。

❶ 单击工具箱中的前景色块，在"拾色器（前景色）"对话框中设置前景色。

❷ 设置完成后，单击"确定"按钮。

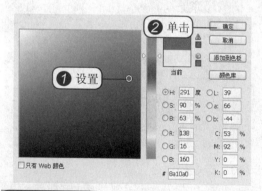

步骤5：调整图层的混合模式。

❶ 按快捷键Alt+Del为选区填充步骤4中设置的前景色，将"图层1"的混合模式设置为"颜色"。

❷ 在页面中的背景图像上添加另一个颜色图层，可以看到变换后的图像效果。

▶ **补充知识**

执行"选择>色彩范围"命令，打开"色彩范围"对话框，将对话框移出图像，当鼠标变为吸管形状时在图像上单击也可吸取颜色。

3.6	选区的设置	关键字 扩大选区、选区相似、平滑选区、羽化选区、存储选区
难度水平 ◆◆◆◇◇	视频学习	光盘\第3章\3-6-4羽化选区

在选择菜单命令下，可以通过多个菜单选项对已有选区的范围进行变换，还可以设置相似颜色的选区以及对选区进行精确的修改，并且能够对选区进行存储，本节将对这些命令进行详细讲解。

3.6.1　扩大选区和选区相似

扩大选区和选区相似命令都是基于颜色扩大选取选区的命令，根据原选区的颜色，在图像上扩大选取选区，下面分别介绍这两个命令的具体操作。

步骤1： 打开素材图像。

❶ 打开随书光盘\素材\3\16.JPG素材文件，在工具箱中单击"魔棒工具"按钮 。

❷ 在图像中单击创建不规则选区。

步骤2： 扩大选取选区。

执行"选择>扩大选取"命令，即可将原选区相邻的图像扩大选取。

扩大后的选区

步骤3： 选取相似选区。

按快捷键Ctrl+Z，返回到步骤1中创建的不规则选区，执行"选择>选取相似"命令可以看到，与原选区相似的区域都被选取。

选取相似的选区效果

3.6.2　扩展和收缩选区

对图像的轮廓选区进行修改时，可以使用扩展和收缩两个命令来实现，扩展和收缩选区命令可以将原选区向外或向内扩展或收缩选区边缘，下面介绍具体的操作步骤。

步骤1：打开素材图像。

❶ 打开随书光盘\素材\3\17.JPG素材文件，在工具箱中单击"魔棒工具"按钮。

❷ 在图像中单击，将花瓣轮廓选取。

步骤2：扩展选区。

❶ 执行"选择>修改>扩展"命令，打开"扩展选区"对话框，在对话框中设置"扩展量"为20像素。

❷ 单击"确定"按钮，可以看到执行命令后原选区被向外扩展。

步骤3：收缩选区。

❶ 按快捷键Ctrl+Z，返回到步骤1中创建的花瓣选区，执行"选择>修改>收缩"命令，打开"收缩选区"对话框，在对话框中设置"收缩量"为10像素。

❷ 单击"确定"按钮，可以看到执行命令后原选区被向内收缩。

43

3.6.3 边界和平滑选区

在设置轮廓选区时，通过修改菜单命令下的边界选项，可以在原有的轮廓选区上设置任意值的边界选区宽度，从原有的选区向内收缩或向外扩展。对于平滑选项，则是从原有的轮廓选区上对选区的边缘进行平滑，下面介绍边界和平滑的具体操作步骤。

步骤1：选择工具并创建选区。

❶ 打开随书光盘\素材\3\18.JPG素材文件，在工具箱中单击"魔棒工具"按钮 。

❷ 在图像中单击，为人物图像创建选区。

【设计师之路】设计很可能来自本民族悠久的文化传统和富有民族文化本色的设计思想，民族性和独创性及个性同样是具有价值的，地域特点也是设计师的知识背景之一。

步骤2： 设置边界。

❶ 执行"选择>修改>边界"命令，打开"边界选区"对话框，在对话框中设置"宽度"为20像素。

❷ 单击"确定"按钮，可以看到执行命令后为原选区设置的边界效果。

步骤3： 平滑选区。

❶ 执行"选择>修改>平滑"命令，打开"平滑选区"对话框，在对话框中设置"取样半径"为30像素。

❷ 单击"确定"按钮，可以看到执行命令后原选区变得平滑。

宽度(W)：20 像素

查看为选区设置平滑后的效果

取样半径(S)：30 像素

3.6.4 羽化选区

修改菜单命令下的羽化选项，可以将选区轮廓设置得更为柔和。羽化半径的数值设置得越高，边缘模糊的情况越严重，所以在对选区进行模糊的同时会丢失部分细节。

步骤1： 打开素材图像。

❶ 打开随书光盘\素材\3\19.JPG素材文件，单击工具箱中的"套索工具"按钮 ❷。

❷ 使用该工具在人物图像边 拖曳，创建选区。

步骤2： 羽化选区。

❶ 执行"选择>修改>羽化"命令，在打开的对话框中设置"羽化半径"为30像素。

❷ 单击"确定"按钮，可以看到执行命令后原选区变得平滑。

❶ 单击 ❷ 拖曳

查看平滑的选区效果

羽化半径(R)：30 像素

提示：设置羽化半径

执行"选择 > 修改 > 羽化"命令，打开"羽化选区"对话框，在设置"羽化半径"值时，可以根据需要设置合适的半径参数值，设置的羽化半径值过大，将会使原图像中的部分图像丢失，影响图像效果。

44

步骤3：查看羽化选区效果。

❶ 按快捷键Ctrl+C复制选区中的图像，在"图层"面板中，单击"创建新图层"按钮 ，创建一个新图层"图层1"。

❷ 按快捷键Ctrl+V粘贴复制的图像，隐藏背景图层，即可看到羽化后的图像效果。

3.6.5　载入和存储选区

在对选区进行设置时，可以通过执行载入选区和存储选区命令对选区进行保存，下面介绍具体的操作步骤。

1. 载入选区

在"图层"面板中，选择任意一个图层，执行"选择 > 载入选区"命令，可以将图层中的图形选区载入，还可以在已有的选区上对选区进行添加、减去、设置交叉等操作。

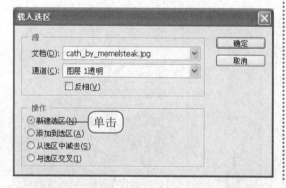

2. 存储选区

对已选择的图像选区执行"选择 > 存储选区"命令，打开"存储选区"对话框，将选区保存为通道，当下次使用该选区时，直接在通道中将选区载入即可。

45

3.7　选区的应用

关键字
复制、剪切、清除

难度水平
◆◆◆◇◇

在图像处理中，选区的应用相当广泛，应用选取选区工具创建合适的选区后，可以对选区中的图像进行复制、剪切操作，或对选区中的图像进行清除操作，下面介绍这些命令的具体操作步骤。

3.7.1　复制选区图像

执行编辑菜单命令下的拷贝命令可以对选区中的图像进行复制，使用粘贴命令将复制的图像粘贴到新的图层中，或者使用移动工具按住Alt键的同时拖曳选区图像也可以将选中的图像复制到新的图层中，下面介绍具体的操作步骤。

步骤1：打开素材图像。

❶ 打开随书光盘\素材\3\20.JPG素材文件，单击工具箱中的"磁性套索工具"按钮 ▯。

❷ 在图像边 单击并拖曳，创建选区。

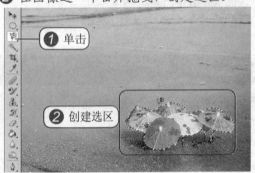

步骤2：复制选区图像。

❶ 按快捷键Ctrl+C复制选区中的图像，单击"创建新图层"按钮 ▯。

❷ 按快捷键Ctrl+V粘贴图像到新图层。

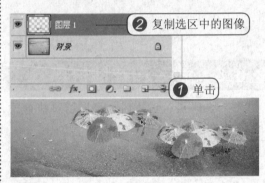

步骤3：添加投影。

❶ 双击"图层1"，为"图层1"设置投影样式。

❷ 设置完成后，单击"确定"按钮。

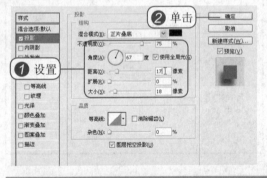

步骤4：查看效果。

在页面中可以看到添加投影样式后的图像效果。

复制后的选区图像效果

提示：复制选区图像的快捷方法

按住快捷键Ctrl+Alt拖曳鼠标，可以直接复制当前层或选区内容。

3.7.2　剪切选区图像

剪切选区是在对图像设置选区后，使用"移动工具"对选区图像进行拖曳，移动后的镂空背景部分将以背景色来填充，下面介绍具体的操作步骤。

步骤1：打开素材图像。

打开随书光盘\素材\3\21.JPG素材文件，在工具箱中选择"多边形套索工具"，在图像中创建选区。

步骤2：使用移动工具剪切选区。

选择工具箱中的"移动工具"，当鼠标变为 ▸ 形状时，对选区的图形进行拖曳，可以看到移动后原图像的位置以背景色显示。

创建选区

查看剪切选区图像效果

3.7.3 清除选区图像

在选区中将图像清除可以通过"编辑 > 清除"命令，也可以直接按 Del 键，清除选区图像后选区区域将以背景色填充，下面介绍具体的操作步骤。

步骤1：创建选区。

打开3.7.2节中的素材文件，使用"多边形套索工具"在图像中单击，创建选区。

步骤2：清除选区图像。

❶ 执行"编辑>清除"命令。

❷ 执行命令后，可以看到选区中的图像被清除了。

创建选区

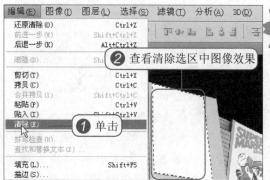

❷ 查看清除选区中图像效果

❶ 单击

— · · · 知识进阶：将图像进行融合处理 · · · —

运用羽化工具为多个图像进行柔和边缘的处理，将两张毫不相关的图片复合为一张图片，充满神秘的蓝色大海背景，若隐若现的飞鸟壁画，将原来的图像处理成清新的自然画面。

光盘	第3章 \ 将图像进行融合处理

❶ 执行"文件>打开"命令，打开随书光盘\素材\3\22.JPG素材文件，单击工具箱中的"矩形选框工具"，然后在图像中合适的位置创建选区。

❷ 按快捷键Ctrl+J，在"图层"面板中，可以看到新创建的新图层"图层1"，选中"图层1"，单击其前面的"眼睛"图标，将"图层1"隐藏，然后单击"背景"图层，将其选中。

47

① 单击

② 创建矩形选区

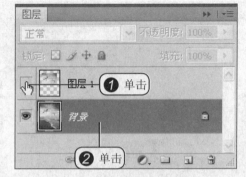

图层

正常   不透明度：100%

锁定：□ ✓ 中 ✿   填充：100%

图层 1   ① 单击

背景   ② 单击

③ 使用"矩形选框工具"继续在图像下方创建选区，执行"选择>修改>羽化"命令，在打开的"羽化选区"对话框中设置"羽化半径"为50像素，设置完成后单击"确定"按钮。

④ 按快捷键Ctrl+C复制选区中的图像，再按快捷键Ctrl+V粘贴图像，在"图层"面板中将自动生成一个新图层"图层2"，选中"背景"图层，将前景色设置为白色，然后按快捷键Alt+Del将"背景"图层填充为白色。

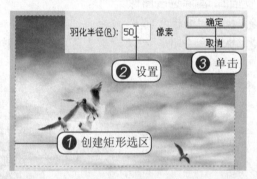

羽化半径(R)：50   像素   确定   取消

② 设置   ③ 单击

① 创建矩形选区

① 复制选区图像

图层 2

② 单击   背景

⑤ 使用"矩形选框工具"在图像最下方创建选区，然后在"图层"面板中新建一个图层，单击工具箱中的"油漆桶工具"，在其属性栏中设置"填充类型"为"图案"，设置"图案样式"为"黑色大理石"，将鼠标移动到选区内，当鼠标变成油漆桶形状时，在选区内单击，填充设置的图案样式。

⑥ 填充图案后，按快捷键Ctrl+T对选区的图像进行变换，单击鼠标右键，在弹出的快捷菜单中选择"透视"命令，然后使用鼠标在控制点上拖曳，对图像进行透视变换。

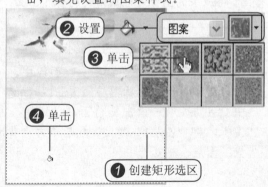

② 设置   图案

③ 单击

④ 单击

① 创建矩形选区

自由变换

缩放
旋转
斜切
扭曲
① 单击 透视
变形
内容识别比例
旋转 180 度
旋转 90 度
旋转 90 度(逆时针) ② 拖曳
水平翻转
垂直翻转

48

⑦ 变换完成后按Enter键确认变换，再按快捷键Ctrl+D取消选区，使用"矩形选框工具"将图像上半部分选取，在"图层"面板中创建新图层"图层4"，按快捷键Alt+Del将"图层4"填充为白色，设置其不透明度为60%。

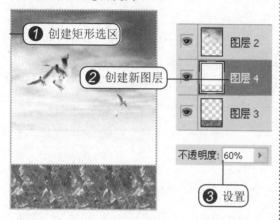

① 创建矩形选区
② 创建新图层

图层2
图层4
图层3

不透明度: 60%
③ 设置

⑨ 在打开的"图层样式"对话框中，设置角度、距离、扩展以及大小等参数值，设置完成后单击"确定"按钮。

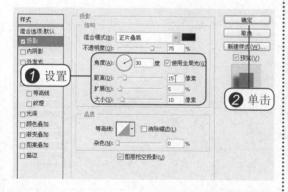

样式
混合选项:默认
☑投影
□内阴影
□外发光
① 设置
□等高线
□纹理
□光泽
□颜色叠加
□渐变叠加
□图案叠加
□描边

投影
结构
混合模式(B): 正片叠底
不透明度(O):   75 %
角度(A): 30 度 ☑使用全局光(G)
距离(D):   15 像素
扩展(R):   5   %
大小(S):   10 像素

品质
等高线: □消除锯齿(L)
杂色(N):   0   %
☑图层挖空投影(U)

确定
取消
新建样式(W)...
☑预览(V)

② 单击

⑪ 使用"移动工具"将选区中的图像复制到背景图像中，调整图像到合适的位置，可以看到将背景与人物图像融合后的效果。

⑧ 将"图层4"向上移动一层，移动到"图层2"的上方，选中并显示"图层1"，使用"移动工具"适当调整"图层1"中图像的位置，单击"图层"面板下方的"添加图层样式"按钮 fx.，在弹出的下拉菜单中选择"投影"选项。

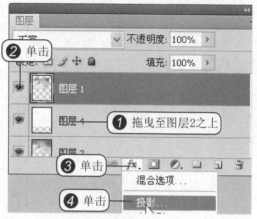

图层
正常   不透明度: 100%
② 单击   填充: 100%
图层1
图层4   ① 拖曳至图层2之上
图层2
③ 单击   fx.
混合选项...
④ 单击   投影...

⑩ 打开随书光盘\素材\3\23.JPG素材文件，使用"魔棒工具"在图像中为人物创建选区。

创建的选区效果

单击

查看融合背景的图像效果

49

读书笔记

50

Chapter 4

图像的替换与开拓

——图像的修饰和绘制

要点导航

去除图像中的瑕疵

遮盖和隐藏部分图像

去除红眼

绘制和擦除图像

填充单一或渐变色彩

为图像进行增效

绘画功能是 Photoshop 的一个重要组成部分，应用多种图形绘制和增效工具可以为图像添加丰富的图形和色彩，增强画面的表现力。

本章通过图像的修饰和绘制，可以广泛地用于图像的修改和增效。例如在照片处理中，图形的修饰是最基础的处理操作，通过多种修复工具的组合应用，设置完美的数字照片效果。另外，多种增效工具还可以帮助用户更自由地创作出具有美感的图像效果。

4.1 图像的修补工具

难度水平
◆◆◆◇◇

视频学习　光盘\第4章\4-1-1污点修复画笔工具、4-1-2修复画笔工具、4-1-3修补工具、4-1-4红眼工具

　　通过修补工具，可以对图像中的瑕疵进行修补，可以去除图像中的污渍、油渍等附加的部分，也可以将不需要的部分图形进行遮盖和隐藏，还可以对闪光灯拍摄产生的红眼进行去除。

4.1.1　污点修复画笔工具

　　污点修复画笔工具可以快速地移去照片中的污点和瑕疵，通过单击即可完成。使用该工具可以自动从修饰区域的周围取样，修复有污点的像素，并将样本像素的纹理、光照、透明度和阴影与所修复的像素相匹配，下面介绍具体的操作步骤。

步骤1：选择污点修复画笔工具。
执行"文件>打开"命令，打开随书光盘\素材\4\1.JPG素材文件，在工具箱中单击"污点修复画笔工具"按钮✒️，将"污点修复画笔工具"选中。

步骤2：设置画笔大小。
❶ 在选项栏中，单击"画笔"选取器下三角按钮·，打开"画笔"选取器。
❷ 输入画笔的直径为10px。
❸ 拖曳硬度滑块至最左侧，设置硬度值为0%。

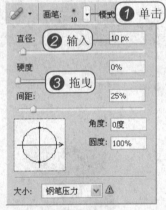

步骤3：单击图像去除污点。
将上一步设置好的画笔在人物皮肤上单击，即可将人物皮肤上的点痣去除。

步骤4：增大画笔继续去除。
再次打开"画笔"拾取器，将画笔的直径调大，继续在人物皮肤上单击，将人物背部和手臂上的所有点痣全部去除，恢复光洁干净的皮肤效果。

提示：通过快捷键快速设置画笔的直径

　　在应用多种工具需要进行画笔设置时，使用键盘上的"["键和"]"键，可以快速地对画笔的直径按一定比例进行变换，按"["键可以将画笔的直径调小，按"]"键可以将画笔的直径调大。

52

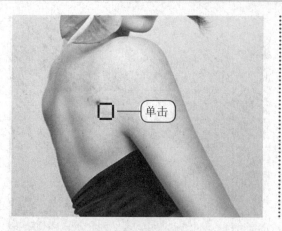

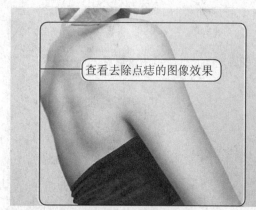

查看去除点痣的图像效果

4.1.2 修复画笔工具

修复画笔工具可以用于数码照片的瑕疵校正，通过图像或图案中的样本像素来修复画面中的不理想部分，将样本像素的纹理、光照、透明度和阴影与所修复的像素进行匹配，将所修复的图像自然融入到图像的其他部分中。下面将具体介绍使用修复画笔工具在图像中进行图像修复的操作。

步骤1： 打开素材文件选择工具。

① 打开随书光盘\素材\4\2.JPG素材文件。长按工具箱中的"污点修复画笔工具"按钮，弹出隐藏工具选项。

② 在弹出的工具选项中单击"修复画笔工具"。

步骤2： 设置画笔属性。

① 在选项栏中，打开"画笔"选取器面板，在面板中输入画笔的直径为15px。

② 在拾取器面板中调整画笔的硬度为50%。

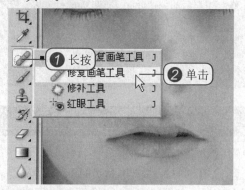

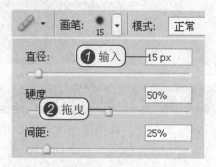

步骤3： 设置取样并修复图像。

① 将画笔移动至画面适当位置，按住Alt键的同时单击鼠标为修复图像设置取样。

② 取样图像后，移动光标至需要进行修复的图像部分，单击鼠标即可用取样的图像对其进行覆盖。

步骤4： 查看修复图像效果。

根据上一步用取样的图像对画面中的裂痕进行覆盖，修复后的裂痕将不再显示。

【设计师之路】设计师有时是反对风格的，但是风格同时也是一个设计师的性格、喜好、阅历和修养的反映，大多数优秀的设计师还是保留了自己的设计风格。

53

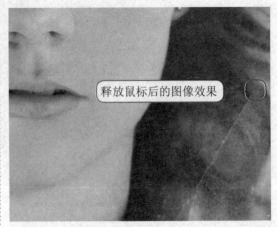

步骤5： 继续设置取样并修复。

❶ 按住Alt键的同时单击裂痕周围部分的图像，对图像进行取样。

❷ 将取样的图像移动至相近的裂痕图像上，用周围的图像覆盖裂痕图像。

步骤6： 重复操作修复裂痕。

根据之前的操作步骤，重复对裂痕周围的图像进行取样，并将取样的图像覆盖至裂痕图像上，将裂痕图像完全修复。

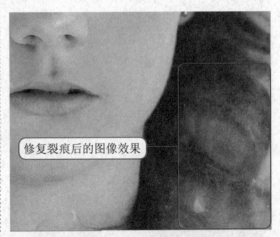

4.1.3 修补工具

　　修补工具可以利用样本或图案对所选区域中的图像中不理想的部分进行修复。与修复画笔工具一样，修补工具将样本像素的纹理、光照和阴影与源像素进行匹配，不同的是，使用修补工具预先需在图像中为修补区域创建一个选区，再拖曳选区图像至替换区域对选区图像进行修复，下面将介绍具体的操作步骤。

步骤1： 选择并设置修补工具。

❶ 执行"文件>打开"命令，打开随书光盘\素材\4\3.JPG素材文件，在工具箱中单击"修补工具"。

❷ 在选项栏中，单击"源"单选按钮。

步骤2： 设置取样并修复。

❶ 根据上一步选中的"修补工具"，在画面中单击鼠标作为绘制修补区域的起点位置。

❷ 拖曳鼠标将需要修补的图像选中，光标移动的地方自动创建路径。

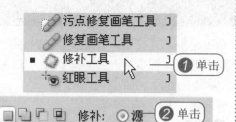

步骤3：创建图像选区。

将上一步拖曳的鼠标光标移动至光标起始位置，释放鼠标即可得到图像选区。

步骤4：移动取样区域修复图像。

① 单击绘制的闭合图像选区。

② 拖曳鼠标至画面中的蓝天位置，用云朵图形将海豚图像覆盖。

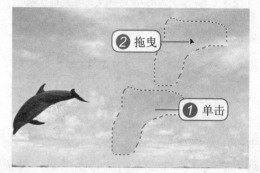

步骤5：查看修补图像效果。

在画面中，根据上一步用光标移动位置的图像将原图像覆盖，而覆盖的图像则自然地融合在背景图像中。

步骤6：取消选区的选中。

① 单击"选择"菜单，打开"选择"命令。

② 单击"取消选择"命令，将之前设置的图像选区取消选中。

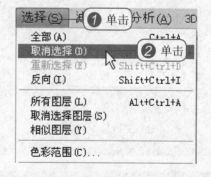

提示：通过图案对图像进行修补

　　修补工具还可以直接从图案对图像进行修补，创建需要修补的选区，单击选项栏中的"使用图案"按钮，即可将选中的图案对选区像素进行修补，单击"图案"选项后的"图案"拾色器按钮，在弹出的"图案"拾色器面板中可对多种图案进行选择。

55

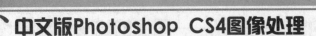
4.1.4 红眼工具

红眼是由于相机闪光灯在主体视网膜上反光引起的。在光线较暗的地方拍摄照片，通常会使用闪光灯进行补光，更容易拍摄到带有红眼的照片图像。在 Photoshop CS4 中使用红眼工具，可移去人像或动物照片中的红眼。下面将介绍具体的操作步骤。

步骤1： 切换至"字符间距"选项卡。

打开随书光盘\素材\4\4.JPG素材文件，在工具箱中单击"红眼工具"。

步骤2： 框选红眼图像。

❶ 设置红眼工具的"瞳孔大小"为50%，"变暗量"为50%。

❷ 在人物红眼位置，单击并拖曳鼠标设置一个矩形区域。

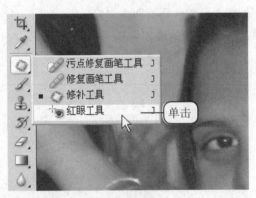

步骤3： 设置其他的红眼效果。

❶ 根据上一步对右眼的红眼效果进行设置后，去除了右眼的红眼效果。

❷ 在左眼上单击并拖曳一个矩形框。

步骤4： 查看去除红眼效果。

根据上一步对人物的左眼进行去除红眼设置，查看去除红眼后的图像效果。

▶ 你问我答

问：使用红眼工具能够删除其他颜色的反光吗？

答：可以，由于拍摄图像时使用闪光灯，不同的生物眼睛对于光线的感应不同，从而会产生绿色或白色的反光效果，使用红眼工具同样可以将照片中的白色和绿色反光删除。

56

4.2 图像的绘制和擦除

难度水平
◆◆◇◇◇◇

关键字
画笔、绘制、颜色替换、擦除图像

视频学习 光盘\第4章\4-2-1画笔工具、4-2-2铅笔工具、4-2-3颜色替换工具、4-2-4历史记录艺术画笔工具、4-2-5橡皮擦工具、4-2-6背景橡皮擦工具

使用 Photoshop 中的绘画功能，主要运用到多种类型的绘画工具。运用绘画工具可以绘制任意图像，绘画工具主要包括画笔工具、铅笔工具、颜色替换工具和历史记录艺术画笔工具。在绘制图像之后则需要运用图形的擦除工具，将不需要的图像删除。

4.2.1 画笔工具

画笔工具可以在图像上运用当前的前景色，根据不同的笔触进行图像创作。在选项栏中可以调整笔触的形态、大小以及材质，还可以随意调整特定形态的笔触，具体的操作步骤如下。

步骤1： 选择画笔工具。

打开随书光盘\素材\4\5.JPG素材文件，在工具箱中单击"画笔工具"按钮 ✎，将"画笔工具"选中。

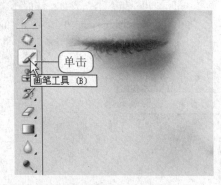

步骤2： 调整画笔的大小和不透明度。

❶ 在选项栏中打开"画笔"拾取器，拖动主直径的滑块至25px。

❷ 在"硬度"文本框中，输入硬度值为30%。

❸ 输入画笔的不透明度值为20%。

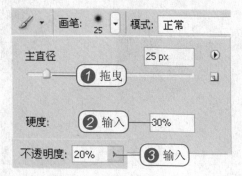

步骤3： 设置前景色。

打开"拾色器（前景色）"对话框，设置前景色为R51、G20、B1。

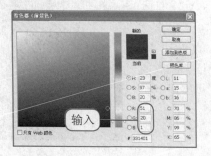

步骤4： 使用前景色进行涂抹。

根据之前设置的画笔在人物的眼皮上部进行涂抹，为人物添加眼影效果。

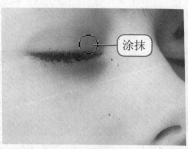

57

步骤5： 调整图层的混合模式。

在"图层"面板中，调整"图层1"的混合模式为"叠加"模式。

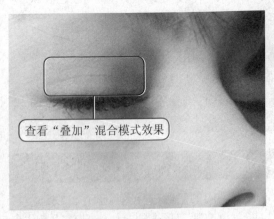

查看"叠加"混合模式效果

步骤6： 调整画笔的大小和不透明度。

❶ 打开"拾色器（前景色）"对话框，输入前景色为R105、G21、B140。

❷ 设置完成后单击"确定"按钮。

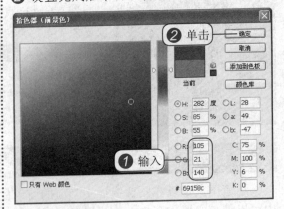

步骤7： 使用画笔进行涂抹。

继续使用画笔在人物的眼皮上进行涂抹，将上一步设置的眼影颜色添加至画面的适合位置。

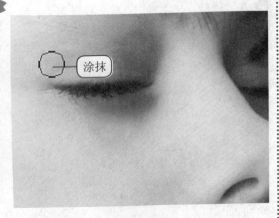

涂抹

步骤8： 变换颜色进行涂抹。

打开"拾色器（前景色）"对话框，调整前景色为R0、G132、B215，设置后继续在画面中进行涂抹，设置图层的混合模式为"叠加"模式。

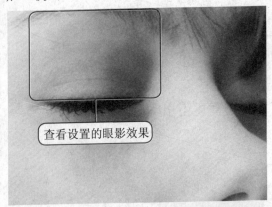

查看设置的眼影效果

步骤9： 变换颜色进行涂抹。

重复之前的对前景色的设置，调整前景色为R222、G141、B0，在人物的唇部进行涂抹，涂抹完成后调整图层的混合模式，为人物添加漂亮的唇色效果。

【设计师之路】要想成为成功的平面设计师，需要具备敏锐的感受能力、发明创造的能力、对作品的美学鉴赏能力、设计构想的表现能力和全面的专业智能。

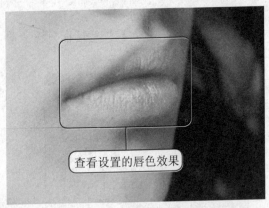

查看设置的唇色效果

4.2.2　铅笔工具

　　铅笔工具的使用与画笔工具类似，但与画笔工具不同的是，使用铅笔工具在图像窗口中绘制图像，会产生生硬的线条图像，使用铅笔工具可以设置图像的线稿等。

步骤1： 选择铅笔工具。

打开随书光盘\素材\4\6.JPG素材文件，在工具箱中选择"铅笔工具" ✏，设置铅笔的主直径为4px，在画面中单击并拖曳使用铅笔工具绘制线条。

步骤2： 绘制闭合的线条效果。

继续使用"铅笔工具"在画面中绘制线条，创建的线条呈现出生硬的转角和锯齿。

单击并拖曳

查看铅笔绘制的线条

4.2.3　颜色替换工具

　　颜色替换工具能够将图像中的颜色进行替换，简化图像中特定颜色变换的步骤。使用校正颜色在目标颜色上进行绘画即可完成颜色的替换操作，但是颜色替换工具不能应用在"位图"、"索引"或"多通道"颜色模式的图像上。

步骤1： 选择工具并设置替换颜色。

打开随书光盘\素材\4\7.JPG素材文件，在工具箱中选择"铅笔工具"下的隐藏工具选项"颜色替换工具"。

步骤2： 设置替换颜色。

❶ 设置前景色为R255、G0、B30，背景色为R242、G185、B44。

❷ 在热气球上进行涂抹，进行颜色替换。

画笔工具　　B
铅笔工具　　B
颜色替换工具　B

单击

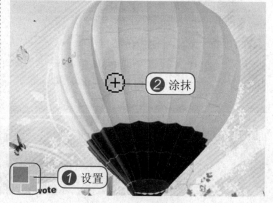

❷ 涂抹

❶ 设置

59

步骤3：查看颜色替换后效果。

查看通过设置前景色为热气球图像进行颜色替换后的图像效果。

【设计师之路】作为一名设计师，必须有独特的素质和高超的设计技能，即无论多么复杂的设计课题，都能通过认真总结经验，用心思考，反复推敲，汲取、消化同类型的优秀设计精华，实现新的创造。

查看替换颜色后的图

4.2.4　历史记录艺术画笔工具

　　历史记录艺术画笔工具使用指定历史记录状态或快照中的源数据，以风格化描边进行绘画，通过尝试使用不同的绘画样式、大小和容差选项，可以用不同的色彩和艺术风格模拟绘画的纹理。下面介绍运用历史记录艺术画笔工具设置水墨画的图像效果。

步骤1：选择工具。

打开随书光盘\素材\4\8.JPG素材文件，为"背景"图层创建一个图层副本，在工具箱中打开"历史记录画笔工具"隐藏的工具选项，单击"历史记录艺术画笔工具"选项。

步骤2：设置选项并涂抹画面。

❶ 在工具箱中，调整画笔的不透明度为30%，样式为"绷紧长"，区域为20px。

❷ 使用画笔在画面中进行涂抹，设置绘画效果。

历史记录画笔工具　　Y

历史记录艺术画笔工具　Y — 单击

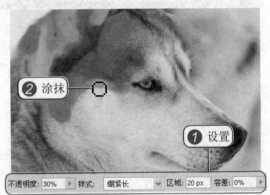

❷ 涂抹

❶ 设置

不透明度：30%　　样式：绷紧长　　区域：20 px　容差：0%

步骤3：涂抹整个图像效果。

根据上一步设置的画笔选项在画面中进行涂抹，查看涂抹整个画面后的图像效果。

步骤4：调整图层混合模式。

❶ 将"背景副本"图层的混合模式设置为"变暗"模式。

❷ 设置后的图像将实现水墨画的效果。

提示：使用历史记录艺术画笔绘制

　　在选择历史记录艺术画笔工具进行图像绘制时有三种不同的方式，分别是单击、长按和拖曳，这与其他的绘画工具不同，通过在同一个位置长按鼠标，将实现笔触的堆叠情况。

60

查看涂抹整个图像后的效果

❷ 查看设置图层混合模式后的效果

❶ 设置　变暗

4.2.5　橡皮擦工具

　　使用橡皮擦工具可以将图像中的像素去除，去除的像素图像将更改为背景色或透明效果。下面分别介绍使用橡皮擦工具擦除不同图像的对比效果。

步骤1： 直接在背景图层上涂抹。
打开随书光盘\素材\4\9.JPG素材文件，选择工具箱中的"橡皮擦工具" ，设置背景色为白色，在"背景"图层中进行涂抹，涂抹位置的像素将更改为白色。

步骤2： 在图层副本上涂抹。
打开素材图像后，为"背景"图层添加一个副本，隐藏"背景"图层，再次使用"橡皮擦工具"进行涂抹，则被涂抹位置的像素将成透明效果。

涂抹

背景

涂抹

背景 副本

背景

4.2.6　背景橡皮擦工具

　　背景橡皮擦工具可在对图像进行涂抹时将图层上的像素变换为透明，通过吸取需要保护的图像颜色，将图像进行保护，从而可以在抹除背景的同时在前景中保留对象的边缘，通过指定不同的取样和容差选项，可以控制透明度的范围和边界的锐化程度。下面具体介绍通过背景橡皮擦工具进行图像的抠图操作。

61

步骤1：打开素材选择工具。

打开随书光盘\素材\4\10.JPG素材文件，在工具箱中将"橡皮擦工具"下的隐藏工具选项打开，选中"背景橡皮擦工具"。

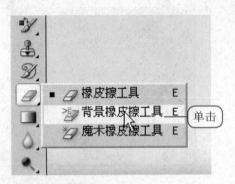

步骤2：设置图像的前景色。

❶ 打开"拾色器（前景色）"对话框，在画面中单击人物图像边 位置。

❷ 将吸取的颜色设置为前景色。

步骤3：擦除背景图像。

在"背景橡皮擦工具"选项中，设置容差值为10%，勾选"保护前景色"复选框，调整画笔的笔触为合适大小，然后在画面中进行涂抹。

步骤4：完成人物的抠图。

使用"背景橡皮擦工具"在图像的边 位置进行涂抹，可以设置抠出包括人物的头发丝图像，再选择"橡皮擦工具"将背景的多余图像擦除，设置整个人物的抠出。

4.3 颜色的填充

关键字
填充、纯色、渐变色、填充类型

视频学习　光盘\第4章\4-3-1油漆桶工具、4-3-2渐变工具

难度水平
◆◆◇◇◇

　　颜色的填充是进行图像创作和编辑的基本操作之一，Photoshop提供了两种用于颜色填充的工具，可以分别进行纯色和渐变颜色的填充，将颜色填充至选区、图形或者其他图像上。

4.3.1 油漆桶工具

　　使用油漆桶工具可以填充单一的颜色，或对相近的颜色,区域进行前景色或图案的填充,运用油漆桶工具可以快速完成较单一的颜色填充要求，直接单击即可完成操作。下面介绍使用油漆桶工具进行颜色填充的具体步骤。

步骤1：执行菜单命令。

打开随书光盘\素材\4\11.JPG素材文件，单击"选择"菜单，在弹出的选项中选择"色彩范围"命令。

步骤2：打开素材选择工具。

❶ 打开"色彩范围"对话框，单击"选择"文本框后的下三角按钮。

❷ 在弹出的下拉列表中选择"高光"选项。

步骤3：选择油漆桶工具。

在工具箱中，打开"渐变工具"下的隐藏工具选项，单击"油漆桶工具"选项，将"油漆桶工具"选中。

步骤4：设置前景色。

❶ 单击工具箱中的前景色块，打开"拾色器（前景色）"对话框，设置颜色值为R222、G141、B0。

❷ 设置完成后单击"确定"按钮。

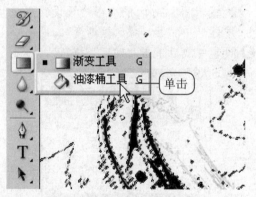

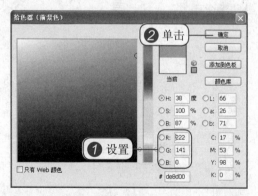

步骤5：填充前景色。

在"图层"面板中，创建一个新的透明图层，将"油漆桶工具"移动至载入的选区中，单击即可使用前景色为选区进行颜色填充。

步骤6：查看填充前景色后的效果。

在画面中，查看使用油漆桶工具为图像进行颜色填充后的效果。

63

单击

查看填充后的图像效果

▶ 补充知识

　　油漆桶工具不仅可以在设置的选区中进行颜色填充，还能够通过不同的颜色范围进行颜色的填充。选项栏中的容差值设置了进行填充的颜色范围属性，而连续复选框可以对页面中所有相似区域均选中。

4.3.2 渐变工具

　　渐变工具可以创建具有丰富颜色变化的色带形态，使用渐变工具可以对图像进行各种类型的渐变填充，包括线性、径向、角度、对称等多种渐变类型。下面将具体介绍使用渐变工具对图像进行颜色填充的操作。

步骤1：选择工具。
打开4.3.1节中的素材文件，在工具箱中单击"渐变工具"。

步骤2：选择渐变颜色。
❶ 单击选项栏中的渐变颜色条，打开"渐变编辑器"对话框，在"预设"颜色块中，选中"紫、绿、橙渐变"。
❷ 设置完成后单击"确定"按钮。

渐变工具　　G　　单击
油漆桶工具　G

步骤3：设置选区拖曳渐变。
❶ 根据前面使用"色彩范围"设置图像选区的方式，载入人物高光位置的选区。
❷ 在画面中由左至右进行水平拖曳。

步骤4：查看添加线性渐变效果。
在选区中拖曳水平的线性渐变后，查看画面中的图像效果。

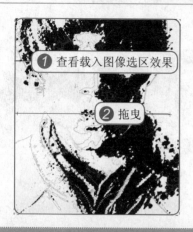

① 查看载入图像选区效果

② 拖曳

查看添加线性渐变效果

▶ 补充知识

　　渐变工具通过在选项栏中设置多种渐变类型进行不同效果的渐变填充，以下分别是径向渐变、角度渐变、对称渐变和菱形渐变效果。

65

4.4　润饰图像

关键字
仿制、模糊、加深、减淡、饱和度

难度水平
◆◆◆◇◇

视频学习　光盘\第4章\4-4-1仿制图章工具、4-4-2模糊和锐化工具、4-4-3加深和减淡工具、4-4-4海绵工具

　　在进行图像的润饰方面，Photoshop提供了多种工具，帮助用户对图像进行模糊和清晰化效果的处理。用于图像明暗程度的设置可以通过选择加深和减淡工具来实现，选择饱和度工具则可以对画面色彩浓度进行增加和减少的操作。

4.4.1　仿制图章工具

　　仿制图章工具可以将图像的一部分仿制到同一图像的其他位置，或绘制到具有相同颜色模式的任何打开的文档的其他位置，还可以将一个图层的一部分仿制到另一个图层。使用仿制图章工具对于复制对象或删除图像中的缺陷非常容易。下面具体介绍仿制图章工具的操作过程。

步骤1： 对图像进行取样。

打开随书光盘\素材\4\12.JPG素材文件，新建一个图层名称为"图层1"，选择"仿制图章工具" 🖾，按住Alt键的同时单击鼠标。

步骤2： 将图像进行仿制。

将鼠标移动至页面下方单击，根据上一步取样的图像，在画面中涂抹即可将仿制的图像显示在画面中。

按住Alt键的同时单击

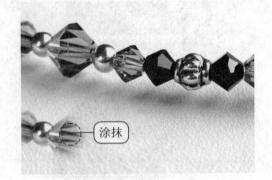

涂抹

步骤3： 查看仿制整条珠链图像。

继续在画面中进行涂抹，可以将整条珠链都仿制在图像下方，设置图像效果与原有的珠链效果相同。

查看仿制的图像效果

【设计师之路】设计没有完成的概念，设计需要精益求精，不断地完善，需要挑战自我，向自己宣战。设计的关键在于发现，只有不断进行深入的感受和体验才能做到这点，打动别人对于设计师来说是一种挑战。

4.4.2 模糊和锐化工具

模糊工具可柔化硬边缘或减少图像中的细节，而锐化工具则是用于增加边缘的对比度以增强外观上的锐化程度。使用模糊或锐化工具在某个区域上方绘制的次数越多，该区域就越模糊或越清晰。下面具体介绍使用模糊和锐化工具设置图像的过程。

步骤1： 选择渐变颜色。

❶ 打开随书光盘＼素材＼4＼13.JPG素材文件，在工具箱中选择"模糊工具" ◊，在选项栏中设置合适大小的画笔，"强度"设置为50%。

❷ 在画面边　进行涂抹。

步骤2： 查看模糊边缘的图像效果。

根据上一步设置的模糊工具，在素材图形的四周进行涂抹，设置画面边　的模糊效果。

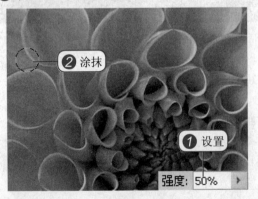

❷ 涂抹

❶ 设置

强度: 50%

查看花朵边缘的模糊效果

步骤3：选择锐化工具并涂抹。

❶ 在工具箱中选择"锐化工具" ，设置选项栏中的锐化"强度"为20%。

❷ 移动画笔至页面的花蕊中心位置并进行涂抹。

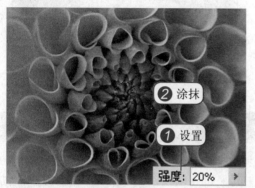

步骤4：查看花蕊中心的效果。

多次涂抹花蕊中心图像，将花蕊设置为清晰，在画面中查看花朵的焦点全部集中在花蕊中心。

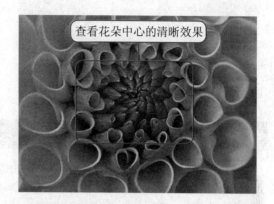

4.4.3　加深和减淡工具

加深工具和减淡工具是基于调节照片特定区域的曝光度的传统摄影技术，使图像区域变暗或变亮。摄影师可遮挡光线以使照片中的某个区域变暗（加深），或增加曝光度以使照片中的某些区域变亮（减淡）。用加深或减淡工具在某个区域上方绘制的次数越多，该区域就会变得越暗或越亮。下面具体介绍使用加深和减淡工具进行图像设置的过程。

步骤1：选择并设置减淡工具。

❶ 打开随书光盘\素材\4\14.JPG素材文件，在工具箱中选择"减淡工具" ，在选项栏中对工具选项进行设置。

❷ 设置后在人物脸部进行涂抹，提升脸部的高光效果。

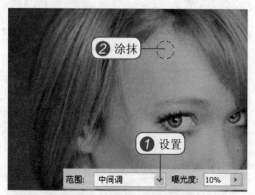

步骤2：选择渐变颜色。

适当地调大减淡工具的画笔直径，继续在人物的皮肤部分进行涂抹，提高画面中人物整体肤色的亮度。

步骤3：使用加深工具进行涂抹。

选择工具箱中的"加深工具" ，调整曝光度为30%，在人物五官部分进行涂抹。

步骤4：加深周围图像。

继续使用"加深工具"在背景和阴影部分进行涂抹，增强画面的层次感。

涂抹

查看增强暗部效果

4.4.4　海绵工具

海绵工具可精确地更改区域图像中的色彩饱和度，可以分别对图像的饱和度进行增加或降低的设置。当图像处于灰度模式时，海绵工具通过使灰阶远离或靠近中间灰色来增加或降低对比度。下面具体介绍使用海绵工具进行饱和度降低的操作。

步骤1：打开素材并创建副本。
打开随书光盘\素材\4\15.JPG素材文件，在"图层"面板中，为"背景"图层创建一个副本，名称为"背景副本"图层。

步骤2：设置海绵工具并进行涂抹。
❶ 选择工具箱中的"海绵工具"🧽，在选项栏中进行设置。
❷ 设置完成后，在画面中进行涂抹。

创建图层副本

背景 副本

背景

❷ 涂抹

❶ 设置

模式：降低饱和度　流量：50%　□自然饱和度

步骤3：查看整体图像效果。
在画面中将除中间最大的画面外，对背景图像使用"海绵工具"进行涂抹，在画面中查看降低背景图像饱和度的效果。

【设计师之路】设计的知识结构从点、线、面的认识开始，学习掌握平面构成、色彩构成、立体构成、透视学等基础，需要具备客观的视觉经验，建立理性的思维基础，掌握视觉的生理学规律，了解设计元素的概念。

68

知识进阶：为黑白照片添加迷人色彩

运用画笔工具为黑白照片添加颜色，使原有的沉闷感消失得无影无踪。明快的背景色彩，深棕色的卷发、娇艳的红唇和闪烁的明眸，多种色彩的添加将原有的黑白照片设置得清新动人。

光盘	第4章 \ 为黑白照片添加迷人色彩

❶ 打开随书光盘\素材\4\16.JPG素材文件，在"图层"面板中，新建一个透明图层，图层名称为"图层1"。

❷ 单击工具箱中的前景色块，打开"拾色器（前景色）"对话框，设置前景色为R158、G224、B236，设置完成后单击"确定"按钮。

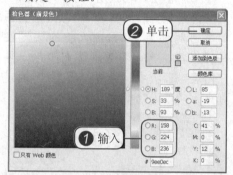

❸ 单击工具箱中的"画笔工具"按钮 🖌，选择"画笔工具"，在"图层1"中使用前景色对图像的背景进行涂抹，绘制后，调整"图层1"的混合模式为"柔光"模式。

❹ 根据上一步调整图层的混合模式后，查看画面效果，为背景图像添加了蓝色效果。

查看为背景添加颜色后的效果

❺ 在"图层"面板中创建一个新的图层，图层名称为"图层2"，调整前景色的值为R255、G231、B197，按Alt+Del键为"图层2"填充前景色，再选择"橡皮擦工具"，将背景图像位置的填充擦除，再调整"图层2"的混合模式为"柔光"模式。

❻ 在"图层"面板中，新建一个透明图层，图层名称为"图层3"，选择"画笔工具"，调整画笔的不透明度为20%，再打开"拾色器（前景色）"对话框，设置前景色为R247、G77、B28，设置完成后，在人物脸颊位置单击添加腮红效果。

69

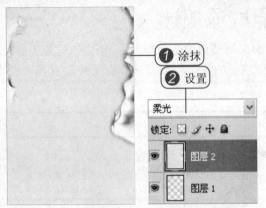

1 涂抹

2 设置

柔光

锁定: ☑ ✒ ✛ 🔒

图层 2

图层 1

查看添加腮红效果

❼ 新建一个图层，图层名称为"图层4"，调整前景色为R76、G52、B21，设置画笔的不透明度为50%，在人物的头发位置进行涂抹，为人物头发填充颜色，再在"图层"面板中，设置"图层4"的混合模式为"柔光"模式。

❽ 新建一个图层，图层名称为"图层5"，调整画笔的不透明度为20%，设置前景色为R223、G205、B195，设置完成后在人物脸部和身体的皮肤上进行涂抹，设置后将图层的混合模式设置为"颜色加深"模式。

1 涂抹

2 设置

柔光

锁定: ☑ ✒ ✛ 🔒

图层 4

图层 3

2 设置

颜色加深

锁定: ☑ ✒ ✛ 🔒

1 涂抹

图层 5

图层 4

❾ 新建一个图层，图层名称为"图层6"，设置画笔的主直径为10px，调整画笔的不透明度为100%，设置前景色为R170、G11、B48，在人物的唇部进行涂抹，添加口红颜色。

❿ 在"图层"面板中，调整"图层6"的混合模式为"叠加"模式，设置不透明度为75%，复制"图层6"，设置"图层6副本"的混合模式为"正片叠底"模式，不透明度为20%。

涂抹

图层

正片叠底　　　　不透明度: 20%

锁定 ☑ ✒ ✛ 🔒　　　填充: 100%

2 设置

图层 6 副本　　　1 创建图层副本

图层 6

图层 5

70

⑪ 新建一个图层，设置前景色为R60、G158、B219，在人物的眼球位置进行涂抹，调整图层的混合模式为"叠加"模式。

查看人物眼部效果

⑫ 在"图层"面板中，按Shift+Ctrl+Alt+E快捷键，盖印一个可见图层，选择"海绵工具"，选择"饱和度"选项，在画面中进行涂抹，适当地增加画面的饱和度。

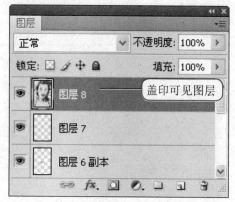

盖印可见图层

⑬ 在"图层"面板中，为"图层5"创建一个副本并拖曳至最上层，调整"图层5副本"的混合模式为"颜色加深"模式，增加人物皮肤的色彩。

❷ 设置
❶ 创建图层副本

⑭ 在画面中，查看根据上一步设置的皮肤色彩图层，查看整体的图像效果，完成本实例的制作。

查看完成上色效果

71

读书笔记

Chapter 5

斑斓色彩的掌控

——图像色调与明暗的调整

要点导航

制作灰色图像效果

根据直方图分析曝光

为人物更换衣服颜色

为图像匹配选中的颜色

将彩色图像去色

制作梦幻图像效果

Photoshop 作为图像处理的首选软件，在图像的色彩处理上提供了强大的功能，可以将许多有缺陷的照片用比较简捷的方法调整到满意的效果。在对图像或照片做处理时，图像的色调和明暗的调整也必不可少。

本章先从不同色彩模式之间的转换开始介绍，再具体介绍图像的色彩调整、明暗调整的基本方法，应掌握图像菜单中多种色彩的处理命令。

5.1 认识图像的颜色模式

关键字
颜色模式

难度水平
◆◇◇◇◇

在使用 Photoshop 处理图像时，色彩模式以建立好的描述和重现色彩的模式为基础，每一种模式都有其各自的特点和使用范围，用户可以按照制作要求来确定色彩模式，本节将着重介绍几种常用的色彩模式。

1. 位图模式

图像中每个像素点的变化都使用"位"来描述的称为位图模式。位图模式的图像只有黑色与白色两种像素，主要应用于早期不能识别颜色和灰度的设备。

2. 灰度模式

灰度模式的图像只有灰度信息，将彩色图像转换成灰度模式图像时，会扔掉源图像中的所有色彩信息。与位图模式相比，灰度模式能够更好地表现高品质的图像效果。

3. 双色调模式

双色调模式采用 2～4 种彩色油墨来创建，由双色调、三色调和四色调混合色阶来组成图像。使用双色调最主要的用途是使用尽量少的颜色来表现尽量多的颜色层次。

4. 索引模式

索引模式最多使用 256 种颜色，在索引模式下，通常会构建一个调色板来存放图像中的颜色，通过限制调色板中颜色的数目可以缩小文件的大小，同时保持视觉上的品质不变。

5. RGB 模式

RGB 模式是 Photoshop 中最常用的一种颜色模式，是由红、绿、蓝作为合成其他颜色的基色而组成的颜色系统，适用于普通打印机、显示器或色彩图像。

6. CMYK 模式

由青、品红、黄以及黑 4 种基色组成的颜色系统称为 CMYK 模式颜色系统，适用于印刷输出的分色处理。在印刷业中，标准的彩色图像模式就是 CMYK 模式。

74

5.2　常用颜色模式之间的转换

关键字
灰度模式、位图模式、RGB模式

视频学习　光盘\第5章\5-2-1将彩色图像转换为灰度模式、5-2-2转换为位图模式、5-2-3将RGB模式的图像转换成CMYK模式

难度水平
◆◆◇◇◇

　　为了在不同的场合正确输出图像，有时需要把图像从一种模式转换为另一种模式。在Photoshop中通过执行"图像>模式"菜单下的子菜单命令，可以转换需要的颜色模式，本节将对其分别进行介绍。

5.2.1　将彩色图像转换为灰度模式

　　将彩色图像转换为灰度模式时，Photoshop会扔掉原图像中其他的颜色信息，而只保留像素的灰度级。灰度模式可作为位图模式和彩色模式之间相互转换的中间模式。下面介绍具体的操作步骤。

步骤1：打开素材文件。
打开随书光盘\素材\5\01.JPG素材文件。

原始素材文件

步骤2：执行菜单命令。
执行"图像>模式>灰度"命令。

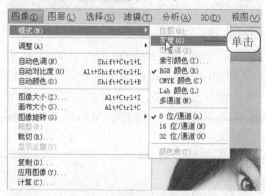

单击

步骤3：选择扔掉颜色。
在打开的"信息"对话框中，单击"扔掉"按钮，将原有的颜色信息扔掉。

步骤4：查看灰度图像。
转换为灰度模式后，页面中只存在黑、白、灰三种颜色，可以看到原有图像只保留灰度。

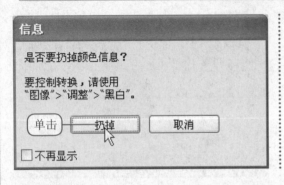

转换为灰度模式后的图像效果

5.2.2 转换为位图模式

将图像转换为位图模式会使图像颜色减少到两种，这样就大大简化了图像中的颜色信息，并缩小了文件大小。要将图像转换为位图模式，必须将其先转换为灰度模式，这样会去掉像素的色相和饱和度，只保留亮度值。下面介绍具体的操作步骤。

步骤1：打开素材图像。

打开随书光盘\素材\5\02.JPG素材文件。

步骤2：转换为灰度模式。

执行"图像>模式>灰度"命令，将图像转换为灰度模式。

原始素材文件

查看转换为灰度模式后的图像效果

步骤3：执行菜单命令。

❶ 执行"图像>模式>位图"命令，打开"位图"对话框，单击"使用"文本框后的下三角按钮。

❷ 在其下拉列表中选择"半调网屏"形式创建位图。

❸ 单击"确定"按钮。

步骤4：设置半调网屏属性。

❶ 在弹出的"半调网屏"对话框中设置频率为300线/英寸，角度为120度。

❷ 在"形状"下拉列表中选择"十字线"。

❸ 设置完成后，单击"确定"按钮。

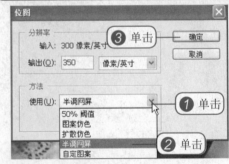

步骤5：查看位图效果。

在页面中可以看到转换为位图模式后的图像效果。

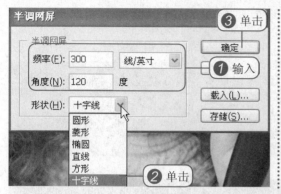

转换为位图模式后的图像效果

提示：转换为位图要点

在灰度模式下编辑过的位图模式图像转换为位图模式后，看起来可能与原来的图像不一样，它可能将原来的黑色以灰阶的方式显示，而灰度值高于128时则会渲染为白色。

5.2.3 将RGB模式的图像转换成CMYK模式

将 RGB 模式的图像转换成 CMYK 模式，图像中的颜色会产生分色，颜色的色域会受到限制，因此最好先在 RGB 模式下编辑图像，再转换成 CMYK 图像，下面进行详细介绍。

步骤1：打开素材图像。
打开随书光盘\素材\5\03.JPG素材文件。

步骤2：执行菜单命令。
执行"图像>模式>CMYK颜色"命令。

RGB模式图像效果

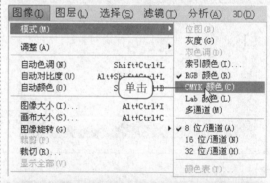

步骤3：查看转换为CMYK模式后的图像效果。
执行菜单命令后，即可将RGB模式图像转换为CMYK模式，查看转换模式后的图像效果。

转换为CMYK模式后的图像效果

5.3 应用直方图分析图像

难度水平
◆◆◇◇◇

直方图是通过波形参数来确定照片曝光精度的工具，通过直方图的横轴和纵轴可以清楚地判断拍摄的照片或正在取景照片的曝光情况。在Photoshop中提供的直方图，可以对图像的曝光情况进行查看和校正，下面对其进行详细介绍。

5.3.1 了解直方图的信息

在Photoshop中执行"窗口 > 直方图"命令，可以将直方图面板打开，默认显示为紧凑视图。打开"直方图"面板的菜单选项，选择"扩展视图"和显示统计数据菜单命令，在此方式下的直方图面板可以显示出图像的基本信息。

1. 紧凑视图

执行"窗口 > 直方图"命令，即可打开"直方图"面板，此时，"直方图"面板默认显示为"紧凑视图"。

2. 扩展试图

打开"直方图"面板的菜单选项，选择"扩展视图"命令，即可将图像的基本信息全部显示出来。

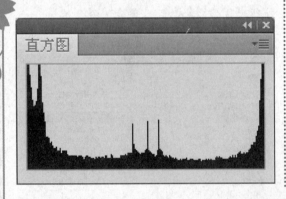

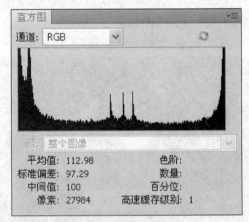

5.3.2 分析直方图判断曝光

利用直方图可以看出照片的曝光有何问题，曝光不正常的照片可以分为不同的类型，包括曝光不足、曝光过度、反差过低及反差过高等，下面分别对其进行介绍。

1. 曝光不足

曝光不足照片的直方图曲线波形图偏重于左侧，多数的像素集中在左侧，波形图的右侧有明显的下降。

2. 曝光过度

曝光过度照片的直方图曲线波形图偏重于右侧，而左侧的像素很少，甚至没有，照片的色调很亮，有大面积的反光源。

78

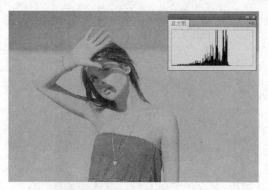

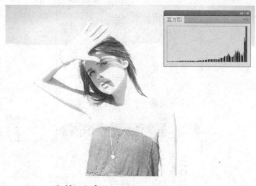

3. 反差过低

直方图上的像素集中在曲线的中间部位，波形在中间凸起，两边下降，缺少暗调和亮调，对比度不足。

4. 反差过高

反差过大时，直方图曲线波形两边高，像素集中在左右两侧，图像中有明显的暗调和亮调。

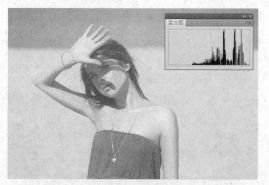

79

5.4 调整面板的基础知识

难度水平
◆◆◆◇◇

关键字
调整面板、对图像进行调整

在 Photoshop 的调整面板中，提供了多种方便快捷的命令供用户使用，其中包括"亮度/对比度"、"色阶"、"曲线"、"曝光度"、"自然饱和度"、"色相/饱和度"、"色彩平衡"等多种命令，用户可以单击任意一个命令，即可添加调整图层，本节着重介绍面板的基础知识。

5.4.1 认识调整面板

在处理图像的过程中，执行"窗口>调整"命令，可以打开或关闭调整面板。调整面板一般显示在 Photoshop 工作界面右侧，用于设置和修改图像，下面对其进行详细介绍。

步骤1：执行菜单命令打开调整面板。

执行"窗口>调整"命令，即可打开"调整"面板。

步骤2：展开调整面板。

单击"调整"面板左下角的"将面板切换到展开的视图"按钮，即可将面板展开显示，再次单击即可切换到标准视图。

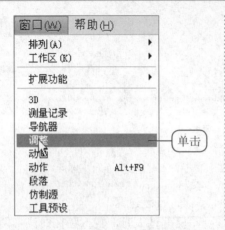

单击即可切换到标准视图

5.4.2 从面板进行图像调整

在对图像进行调整时，可以直接在调整面板中执行操作，调整面板中可以添加15种调整图层。选择不同的调整按钮可以创建不同的调整图层，创建之后，可以对不同的调整选项进行设置。

步骤1：添加"黑白"调整图层。
在"调整"面板中单击"创建新的黑白调整图层"图标。

步骤2：在面板中调整图像。
在"调整"面板中拖曳鼠标，设置添加的"黑白"调整图层的各项参数。

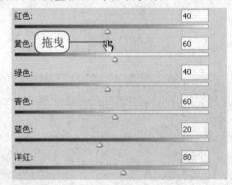

5.5
难度水平
◆◆◆◇◇

色彩的调整

视频学习

关键字
照片滤镜、可选颜色、匹配颜色

光盘\第5章\5-5-1调整"色彩平衡"、5-5-2调整"色相/饱和度"、5-5-3"照片滤镜"命令、5-5-4"通道混合器"命令、5-5-5"可选颜色"命令、5-5-6"替换颜色"命令、5-5-7"匹配颜色"命令

图像色彩的调整可以更改图像的色相、色调等信息，实现图像色彩之间的变换。在对数码照片的处理中，Photoshop的图像色彩应用可以为照片设置神奇的颜色变换，本节将对其进行详细介绍。

5.5.1 调整"色彩平衡"

色彩平衡命令的主要作用在于对图像整体色调的调整，执行"图像>调整>色彩平衡"命令，打开"色彩平衡"对话框，即可在对话框中对色调进行调整，下面介绍具体的操作步骤。

步骤1： 打开素材图像。

打开随书光盘\素材\5\07.JPG素材文件，执行"图像>调整>色彩平衡"命令。

原始素材图像效果

步骤3： 设置色彩平衡高光参数。

❶ 在对话框中单击"高光"单选按钮。

❷ 拖曳滑块对色阶进行设置。

❸ 设置完成后，单击"确定"按钮。

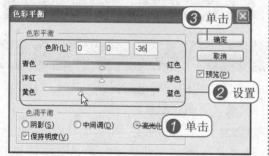

步骤2： 执行菜单命令。

❶ 在打开的"色彩平衡"对话框中单击"中间调"单选按钮。

❷ 拖曳滑块设置色阶值。

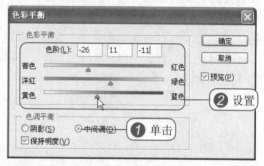

步骤4： 查看图像效果。

查看添加"色彩平衡"调整图层后的图像效果。

添加色彩平衡后的图像效果

5.5.2 调整"色相/饱和度"

色相/饱和度命令常用于调整图像的饱和度，执行"图像>调整>色相/饱和度"命令，打开"色相/饱和度"对话框，即可在对话框中设置饱和度，下面介绍具体的操作步骤。

步骤1： 打开素材图像。

打开随书光盘\素材\5\08.JPG素材文件，在"图层"面板中，为"背景"图层创建一个副本，选中"背景副本"图层，执行"图像>调整>色相/饱和度"命令。

步骤2： 设置各项参数。

❶ 在打开的"色相/饱和度"对话框中选择"全图"。

❷ 拖曳滑块设置"饱和度"为40。

81

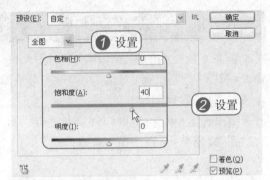

步骤3： 设置色相/饱和度参数。

❶ 选择"红色"，设置"饱和度"为30，再选择"绿色"，设置"饱和度"为35。

❷ 设置完成后，单击"确定"按钮。

步骤4： 查看图像效果。

查看添加"色相/饱和度"调整图层后的图像效果。

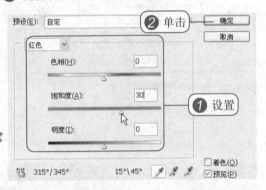

设置色相/饱和度后的图像效果

5.5.3 "照片滤镜"命令

　　照片滤镜命令主要是修正由于扫描、胶片冲洗等造成的一些色彩偏差，还原照片的真实色彩，通过照片滤镜可以对图像整体色调进行变换，下面介绍具体的操作步骤。

步骤1： 打开素材文件。

打开随书光盘\素材\5\09.JPG素材文件，执行"图像>调整>照片滤镜"命令。

步骤2： 设置滤镜效果。

❶ 在打开的"照片滤镜"对话框中设置颜色及浓度，图像随着设置的参数而变换效果。

❷ 设置完成后单击"确定"按钮。

原始素材图像效果

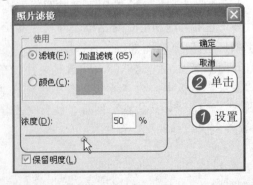

82

步骤3：查看图像效果。

在页面中，可以看到添加照片滤镜调整图层后的图像效果。

【设计师之路】设计师所担任的是多重角色，需要知己知彼，调查对象。设计师应成为对象中的一员，却又不是投其所好，夸夸其谈，设计师设计客户的产品，客户需要用设计师的感情去打动他人。

查看图像效果

5.5.4　"通道混合器"命令

通道混合是用一个通道替换另一个通道，并且能够控制替换的程度，通过对通道的调整设置颜色加减操作，从而达到更改色彩的目的。能够使用通道混合器调整的图像模式只有 RGB 和 CMYK 模式，当图像色彩为 Lab 模式或其他模式时，不能使用通道混合器调整色彩，下面介绍具体的操作步骤。

步骤1：打开素材图像

打开随书光盘\素材\5\10.JPG素材文件，执行"图像>调整>通道混合器"命令。

步骤2：设置通道参数。

❶ 在打开的"通道混合器"对话框中，设置"输出通道"为"红"。

❷ 分别设置红色为-12%、绿色为150%、蓝色为-51%。

❸ 设置完成后，单击"确定"按钮。

原始素材图像效果

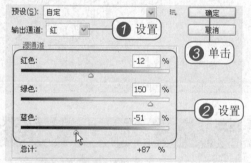

步骤3：查看图像效果。

根据添加的"通道混合器"调整图层，即可将页面中的绿色全部转换为黄色，并且保持人物图像不失真。

【设计师之路】设计师的创意要让人感动，足够的细节本身就能感动人，图形创意能打动人，色彩品位能打动人，所以就要求把设计的多种元素进行有机地艺术化组合。

查看添加通道混合器后的图像效果

83

5.5.5 "可选颜色"命令

可选颜色命令可以更改图像中主要原色成分的颜色浓度，可以有选择性地修改某一种特定的颜色，而不影响其他主要的色彩浓度，下面介绍具体的操作步骤。

步骤1：打开素材文件。

打开随书光盘\素材\5\11.JPG素材文件，执行"图像>调整>可选颜色"命令。

步骤2：设置不同的颜色浓度。

❶ 在"颜色"下拉列表中选择"红色"。

❷ 设置颜色浓度为+100、–100、0、+100。

❸ 设置完成后，单击"确定"按钮。

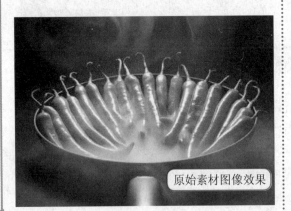

原始素材图像效果

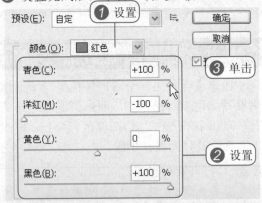

步骤3：查看图像效果。

在页面中，可以看到添加可选颜色图层后的图像效果。

【设计师之路】心理上的愉悦和满足，应概括当代的时代特征，反映了真正的审美情趣和审美理想，起码你应当明白，优秀的设计师有他们"自己"的手法、清晰的形象、合乎逻辑的观点。

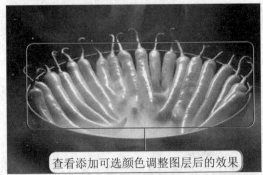

查看添加可选颜色调整图层后的效果

5.5.6 "替换颜色"命令

颜色替换工具能够对图像中的颜色进行替换，简化图像中特定颜色变换的步骤，使用校正颜色在目标颜色上进行绘画即可完成颜色的替换操作，下面介绍具体的操作步骤。

步骤1：打开素材文件。

打开随书光盘\素材\5\11.JPG素材文件，执行"图像>调整>替换颜色"命令，打开"替换颜色"对话框。

步骤2：设置替换的颜色。

❶ 调整"颜色容差"为172，使用"吸管工具"在人物腿部位置单击，吸取颜色。

❷ 在"替换"选项组中，设置"色相"为–33、"饱和度"为28、"明度"为0。

❸ 设置完成后，单击"确定"按钮。

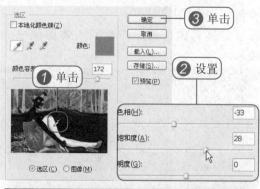

步骤3： 查看替换颜色效果。

根据步骤2设置的替换颜色参数，将原有的紫色以蓝色替代，可以看到替换颜色后的图像效果。

查看替换颜色后的效果

5.5.7　"匹配颜色"命令

匹配命令可以匹配不同图像之间、多个图层之间以及多个颜色选区之间的颜色，还可以通过更改亮度和色彩范围来调整图像中的颜色，下面介绍具体的操作步骤。

步骤1： 打开素材文件。

打开随书光盘\素材\5\11.JPG和12.JPG素材文件，执行"图像>调整>匹配颜色"命令。

步骤2： 调整图像选项。

❶ 在"图像统计"选项组中单击"源"文本框后的下三角按钮。

❷ 在下拉列表中选择12.jpg文件。

❸ 在"图像选项"选项组中，调整明亮度、颜色强度、渐隐分别为170、150、80。

❹ 设置完成后单击"确定"按钮。

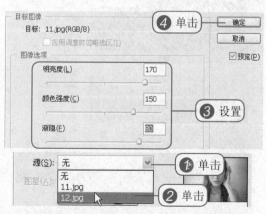

步骤3：查看图像效果。

可以看到将绚丽图形匹配到人物图像中的效果。

【设计师之路】未来的设计师不再是狭隘的民族主义者，而每个民族的标志更多地体现在民族精神层面，民族和传统也将成为一种图式或者设计元素，作为设计师有必要认真看待民族传统和文化。

匹配颜色后的图像效果

5.6 明暗的调整

难度水平
◆◆◆◇◇

关键字
色阶、曲线、亮度/对比度

视频学习　光盘\第5章\5-6-1调整"色阶"、5-6-2调整"曲线"、5-6-3调整"亮度/对比度"、5-6-4调整"阴影/高光"

在图像调整中，图像的色调若出现明暗问题，则可直接应用色阶、曲线、亮度/对比度、阴影/高光等命令对图像的明暗进行调整，本节将对调整图像的明暗命令进行介绍。

5.6.1　调整"色阶"

色阶是一种直观的调整图像明暗的命令。利用色阶命令，能够调整图像的阴影、中间调和高光的强度级别，从而校正图像的色调范围和色彩平衡。色阶命令主要应用于曝光不足的照片，使图像变得更明亮，下面介绍具体的操作步骤。

步骤1：创建调整图层。

❶ 打开随书光盘\素材\5\13.JPG素材文件，在"图层"面板中，单击"创建新的填充或调整图层"按钮 ⊘。

❷ 在弹出的快捷菜单中选择"色阶"命令。

步骤2：调整色阶值。

使用鼠标拖曳滑块，调整色阶的数值分别为0、1.50、150。

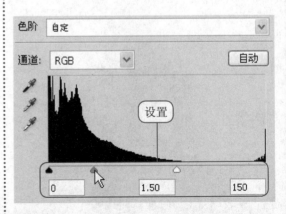

步骤3：查看图像效果。

根据添加的"色阶"调整图层，页面中的图像更加明亮，并且具有层次感。

【设计师之路】设计师更应该以严谨的态度治学和思考，因为严谨的态度更能引起人们心灵的震动。

查看调整色阶后的图像效果

5.6.2 调整"曲线"

曲线命令是功能强大的图像校正命令，该命令可以在图像的整个色调范围内调整不同的色调，还可以对图像中的个别颜色通道进行精确的调整，下面介绍具体的操作步骤。

步骤1：创建调整图层。

打开随书光盘\素材\5\14.JPG素材文件，在"图层"面板中，创建一个"曲线"调整图层。

创建的调整图层

步骤2：调整曲线。

❶ 分别在"通道"下拉列表中选择"RGB"、"红"、"绿"、"蓝"通道。

❷ 单击曲线并适当地向上方拖曳。

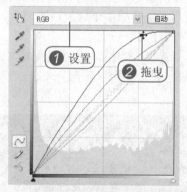

❶ 设置 ❷ 拖曳

步骤3：查看图像效果。

添加"曲线"调整图层后，可以看到调整曲线后的图像效果。

【设计师之路】一个视觉作品的生存底线，应该看它是否具有感动他人的能量，是否顺利地传递出背后的信息，事实上它更像人际关系学，依靠魅力来征服对象。

查看图像效果

5.6.3 调整"亮度/对比度"

亮度/对比度是调整图像亮度和对比度的命令，应用该命令可以对光线不足、比较昏暗的图像色调进行简单地调整，下面介绍具体的操作步骤。

步骤1：创建调整图层。

打开随书光盘\素材\5\15.JPG素材文件，在"图层"面板中，创建一个"亮度/对比度"调整图层。

步骤2：调整亮度/对比度。

❶ 调整"亮度"为60、"对比度"为100。
❷ 添加"亮度/对比度"调整图层后，页面中图像的亮度和对比度都得到了加强。

5.6.4 调整"阴影/高光"

　　阴影/高光命令能够快速调整图像中的阴影及最亮的部分，可以修改曝光不足或曝光过度的照片，主要应用于修复逆光照片，下面介绍具体的操作步骤。

步骤1：创建调整图层。

打开随书光盘\素材\5\15.JPG素材文件，执行"图像>调整>阴影/高光"命令。

步骤3：查看图像效果。

添加"阴影/高光"调整图层后，在页面中可以看到原图像变得光鲜明亮。

步骤2：执行菜单命令。

❶ 在打开的"阴影/高光"对话框中分别设置"阴影"为100%，"高光"为0。
❷ 设置完成后，单击"确定"按钮。

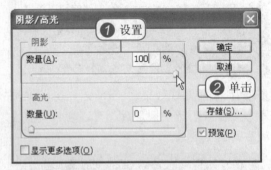

<table>
<tr><td>

5.7

难度水平

◆◆◇◇◇

</td><td>

图像的特殊调整

视频学习 光盘/第5章/5-7-1 "去色" 命令、5-7-2 "色调分离" 命令

</td><td>

关键字
去色、色调分离

</td></tr>
</table>

　　在使用 Photoshop 处理图像时，若要打造个性图像效果，可以使用特殊的调整命令来实现。特殊调整命令包括去色命令和色调分离命令等，本节将对其分别进行讲解。

5.7.1　"去色"命令

　　去色命令可以将彩色图像转换为灰度图像，但图像的颜色模式保持不变。去色命令主要用于制作黑白图像效果，下面介绍具体的操作步骤。

步骤1：执行菜单命令。
打开随书光盘\素材\5\15.JPG素材文件，执行 "图像>调整>去色" 命令，即可对图像进行去色操作。

步骤2：查看图像效果。
执行 "去色" 命令后，可以看到原图像中的色彩变为灰色调。

查看图像效果

5.7.2　"色调分离"命令

　　色调分离就是将不同色调进行分离，使同色调的图像区域组合到一起。使用色调分离命令时，图像的原始数量将减少，但能够创建奇妙的视觉效果，下面介绍具体的操作步骤。

步骤1：执行菜单命令。
打开随书光盘\素材\5\16.JPG素材文件，执行 "图像>调整>色调分离" 命令。

【设计师之路】合格的设计师应有优秀的草图和徒手作画的能力，作为设计师还应该具备快而不拘谨的视觉图形表达能力，绘画艺术是设计的源泉，而设计草图是表达思想的纸面形式。

原始图像效果

89

步骤2： 调整色阶并查看图像效果。

❶ 在打开的"色调分离"对话框中设置 "色阶"为5。

❷ 设置完成后，单击"确定"按钮。

❸ 在页面中可以看到调整后的图像效果。

色阶(L)：5
❶ 拖曳
❷ 单击 — 确定
取消
❸ 查看图像效果

─·· 知识进阶：创建梦幻的图像色彩效果 ··─

　　运用调整图像命令为树林图像重新上色并添加光照效果，清新明亮的茂密森林，若隐若现的光线效果，将原有的昏暗色调打造成充满梦幻色彩的童话世界。

光盘	第5章 \ 创建梦幻的图像色彩效果

❶ 打开随书光盘\素材\5\19.JPG素材文件，打开"图层"面板，将"背景"图层拖曳到"创建新图层"按钮上，复制得到"背景副本"图层。

复制的背景图层 ➤ 背景 副本
背景

❷ 执行"图像>调整>可选颜色"命令，打开"可选颜色"对话框，在"颜色"下拉列表中选择"红色"，设置颜色浓度分别为-100%、-90%、+95%、-60%。

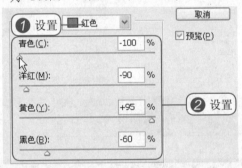

❶ 设置 ▇ 红色 ▾
取消
☑预览(P)
青色(C)： -100 %
洋红(M)： -90 %
黄色(Y)： +95 %
❷ 设置
黑色(B)： -60 %

❸ 在"颜色"下拉列表中选择"黄色"选项，设置颜色浓度为+56%、-33%、+56%、0，再选择"绿色"，设置颜色浓度为+47%、-46%、+96%、0，设置后单击"确定"按钮，可以看到清新亮丽的图像效果。

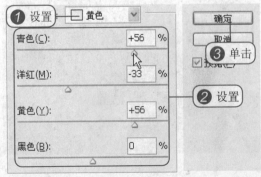

❶ 设置 ▭ 黄色 ▾
确定
取消
❸ 单击
青色(C)： +56 %
洋红(M)： -33 %
黄色(Y)： +56 %
❷ 设置
黑色(B)： 0 %

❹ 打开随书光盘\素材\5\19.JPG素材文件，使用快速选择工具为人物创建选区，并将选区中的图像复制到背景图像中，在"图层"面板中，自动生成"图层1"。

查看复制的人物图像
图层 1

90

❺ 在"图层"面板中，选中"背景副本"图层，打开"通道"面板，选取"蓝色"通道，拖曳到底部的"创建新图层"按钮上，得到"蓝副本"通道。

❼ 按住Ctrl键单击"蓝副本"通道，将该通道的选区载入，打开"图层"面板，单击底部的"创建新图层"按钮。

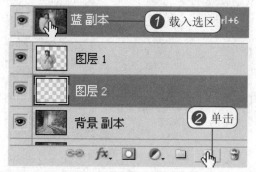

❾ 执行"图像>调整>色相/饱和度"命令，打开"色相/饱和度"对话框，选择"红色"，设置"色相"为3、"饱和度"为14，再选择"黄色"，设置"色相"、"饱和度"、"明度"分别为20、42、11，设置后单击"确定"按钮。

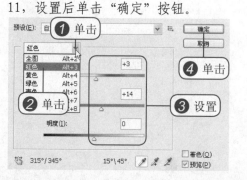

❻ 执行"图像>调整>色阶"命令，打开"色阶"对话框，将数值设置为26、1.00、255，设置完成后单击"确定"按钮。

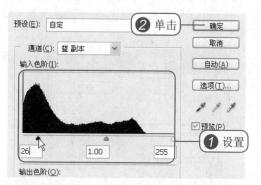

❽ 按快捷键Alt+Del，将载入的选区填充前景色为白色，按快捷键Ctrl+J复制得到"图层2副本"图层，选中"图层1"，按快捷键Ctrl+J复制得到"图层1副本"图层。

❿ 在"图层"面板中，调整"图层1副本"的混合模式为滤色模式，不透明度为80%，按住Ctrl键单击"图层1副本"，将该通道的选区载入。

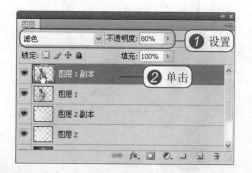

91

⑪ 执行"选择>修改>扩展"命令，在打开的"扩展选区"对话框中，设置"扩展量"为10像素，单击"确定"按钮扩展选区，新建一个空白的图层，按快捷键Alt+Del，将选区中图像的前景色填充为白色。

⑫ 按快捷键Ctrl+D取消选区，将当前图层调整到"图层1"下一层，执行"滤镜>模糊>高斯模糊"命令，在打开的"高斯模糊"对话框中设置"半径"为50像素，然后单击"确定"按钮。

⑬ 新建一个空白图层，使用工具箱中的"椭圆选框工具"，在页面中人物图像周围创建多个椭圆选区，为选区中图像填充白色，使用"橡皮擦工具"在人物图像边进行涂抹，使人物与背景融合。

查看最终图像效果

92

Chapter 6

创造性与开拓
——路径、文字的创建和编辑

要点导航

绘制曲线路径
绘制星状图形
将文字设置为扇形
变形文字
制作流动的文字效果

形状工具在 Photoshop 中是一个相当重要的工具，熟练运用形状工具就能够绘制出丰富多彩的图形，而文字工具则起着画龙点睛的作用，在制作完成的图像中添加上合适的文字，可以对整个图像效果起到重要作用。

本章介绍了路径的绘制和文字工具的基础操作，帮助用户了解路径和文字的应用，掌握如何对文字图层进行编辑，以及路径和文字之间的应用和转换。

6.1 图形的绘制

难度水平
◆◆◇◇◇

关键字
钢笔工具、矩形工具、多边形工具

视频学习　光盘\第6章\6-1-1钢笔工具、6-1-2矩形和椭圆工具、6-1-3多边形工具、6-1-4自定形状工具

　　Photoshop提供了多种用于绘制图形的工具，在绘制规则图形时，可以使用工具箱中的钢笔工具、矩形工具和多边形工具来实现，本节将对这三种工具的应用进行详细介绍。

6.1.1　钢笔工具

　　钢笔工具可以创建直线和平滑流畅的曲线，形状的轮廓称为路径，通过编辑路径的锚点，可以很方便地改变路径的形状。在钢笔工具选项栏中，还可以选择形状工具、路径、填充像素三种不同的模式进行绘制。下面具体介绍钢笔工具的应用。

步骤1：单击设置起点。

❶ 打开随书光盘\素材\6\01.JPG素材文件，单击工具箱中的"钢笔工具"按钮 🖊。

❷ 单击属性栏中的"形状图层"按钮 🔲。

❸ 在页面中单击，设置路径的起始点。

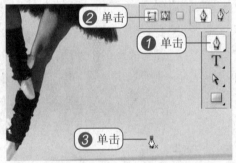

步骤3：设置锚点位置。

使用"钢笔工具"继续在页面中单击，添加锚点。

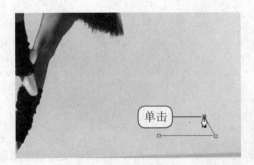

步骤2：绘制直线路径。

在页面中的任意位置单击，单击位置的锚点与步骤1起始点位置的锚点相连接，即可创建一条连接起点和终点的直线路径。

步骤4：拖曳控制句柄。

在步骤3添加的锚点上按住鼠标左键不放向右侧拖曳，可以将控制句柄拖曳出来，设置曲线路径。

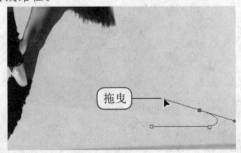

步骤5：单击路径添加锚点。

❶ 使用"钢笔工具"将曲线路径绘制完成，在工具箱中选择"添加锚点工具"。

❷ 将鼠标移动到路径上，当鼠标光标变为 ♣ 时，单击该处即可在路径上添加一个锚点。

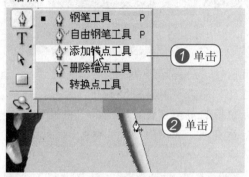

步骤6：删除锚点。

在工具箱中选择"删除锚点工具"，将光标移动到已有的锚点位置，当鼠标光标变成 ♣ 时，单击该锚点，即可将锚点删除，被删除的锚点左右侧的路径将自动相连接。

步骤7：拖曳句柄调整路径形状。

❶ 在工具箱中选择"转换点工具"。

❷ 单击锚点，即可拖曳出两条句柄，分别调整两条句柄，可以对曲线形状进行调整。

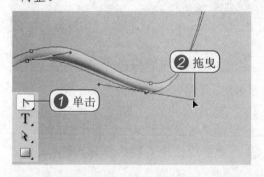

步骤8：查看绘制的路径。

继续使用"转换点工具"调整路径形状，调整完后，可以在页面中看到绘制的曲线路径效果。

查看绘制的曲线路径效果

6.1.2 矩形和椭圆工具

　　矩形工具主要用于绘制矩形或正方形图形，可以通过设置绘制固定高度和宽度的矩形形状。椭圆工具的使用方法与矩形工具相同，可以绘制出椭圆和正圆图形，也可以根据其选项栏中设置的样式对形状进行填充。下面分别对矩形工具和椭圆工具进行介绍。

步骤1：打开素材绘制矩形。

❶ 打开随书光盘\素材\6\02.JPG素材文件，单击工具箱中的"矩形工具"按钮 ▢。

❷ 单击属性栏中的"形状图层"按钮 ▢。

❸ 在页面中的合适位置拖曳出一个矩形。

步骤2：绘制镂空的矩形路径。

❶ 在属性栏中单击"从形状区域减去"按钮 ▢。

❷ 在页面中，绘制一个较小的矩形，绘制后即可将步骤2绘制的矩形减去。

95

步骤3： 选择样式。

❶ 在属性栏中，单击"样式"拾色器右侧的下三角按钮，打开"样式"拾色器面板。

❷ 在该面板中选择"铬黄"样式。

步骤4： 旋转框架角度。

执行"编辑>变换路径>旋转"命令，移动右上角控制句柄设置旋转角度，将框架调整至合适角度，调整好角度后按Enter键确定变换。

步骤5： 绘制圆形。

❶ 在工具箱中选择"椭圆工具"。

❷ 单击属性栏中的"形状图层"按钮，在页面中单击并按住Shift键绘制一个正圆路径。

步骤6： 设置形状路径颜色。

❶ 在属性栏中，打开"样式"拾色器面板，单击面板右侧的扩展按钮。

❷ 在弹出的快捷菜单中选择"无样式"。

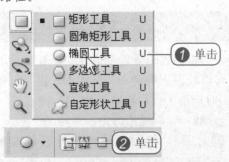

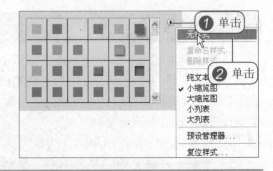

提示：绘制正方形、正圆形

使用"矩形工具"、"椭圆工具"绘制图形时，按住Shift键的同时拖曳鼠标，释放鼠标即可绘制出正方形、正圆形。

步骤7：设置形状路径颜色。

❶ 在"图层"面板中，双击"形状2"图层缩略图，打开"拾色器"对话框，设置颜色为R213、G34、B74。

❷ 设置后单击"确定"按钮。

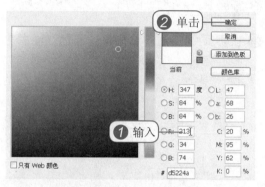

步骤9：选中图层并编组。

❶ 在"图层"面板中，选择"形状2"～"形状8"的形状路径图层。

❷ 按快捷键Ctrl+G将选中的图层编组在一个图层组"组1"中。

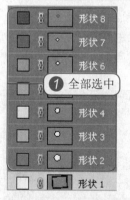
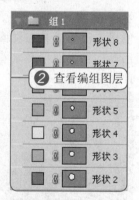

步骤11：添加发光点查看图像效果。

使用"椭圆工具"绘制多个大小不等的正圆，执行"滤镜>模糊>径向模糊"命令，在打开的"径向模糊"对话框中设置"数量"为15，"模糊方向"为缩放，设置完成后，在页面中可以看到图像添加了径向模糊的发光点后的效果。

步骤8：绘制圆形路径并设置颜色。

使用"椭圆工具"在页面中绘制等比例缩小的形状路径图层，分别为其设置颜色为R248、G154、B41，R246、G239、B37，R218、G189、B69，R19、G165、B212，R61、G88、B167，R77、G46、B139，在页面中可以看到绘制的多个正圆图形。

查看绘制的图形路径效果

步骤10：设置图层混合模式。

❶ 在"图层"面板中，设置"组1"的图层混合模式为"色相"。

❷ 按快捷键Ctrl+T变换圆形路径的大小和位置。

最终图像效果

97

6.1.3　多边形工具

多边形工具用于绘制多边的形状图案或路径,通过设置边数的数值来创建多边形图形,其使用方法与椭圆工具基本相似,在工具箱中选取多边形工具,然后在图像窗口中单击,绘制多边形。下面介绍使用多边形工具的具体操作。

步骤1: 打开素材文件选择工具。

❶ 打开随书光盘\素材\6\03.JPG素材文件,长按工具箱中的"矩形工具"按钮,弹出隐藏工具选项。

❷ 在弹出的工具选项中选择"多边形工具"。

步骤2: 设置多边形选项。

❶ 在属性栏中单击隐藏的下三角按钮,打开"几何选项"面板。

❷ 在页面中,设置固定多边形的"半径"和"缩进边依据",勾选"平滑拐角"和"星形"复选框,设置多边形的"边"为6。

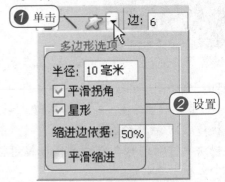

步骤3: 绘制多边形图形。

使用设置的多边形工具在图中拖曳,绘制多边形图形。

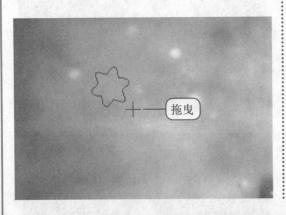

步骤4: 继续绘制多边形。

使用多边形工具在页面中拖曳,绘制出多个图形,在页面中可以看到添加多边形后的图像效果。

6.1.4　自定形状工具

自定形状工具用于绘制各种不规则的形状,可以自己创建各式各样复杂的图形形状,还可以在该工具属性栏中的自定形状拾色器中选择为用户提供的多种形状。下面介绍使用自定形状工具的具体操作。

步骤1：打开"自定形状"拾色器。

❶ 新建一个文件，单击工具箱中的"自定形状工具"按钮 🖉，在其属性栏中单击"形状"后的下三角按钮，打开"自定形状"拾色器。

❷ 单击形状图形的缩略图选中形状。

步骤3：为形状填充颜色。

❶ 单击工具箱中的"渐变工具"，设置白色到蓝色的渐变。

❷ 设置后单击"确定"按钮。

步骤2：绘制选中形状。

❶ 在"图层"面板中新建一个图层"图层1"，在页面中绘制一个选中的形状。

❷ 按住Ctrl键的同时单击"图层1"的缩略图，将图像载入选区。

步骤4：查看图像效果。

设置渐变后，在"图层"面板中，新建一个图层"图层2"，使用"渐变工具"由左向右拖曳，在页面中可以看到填充渐变后的图像效果。

提示：填充颜色前需要新建一个图层

　　设置渐变后，要为选区中图像填充渐变颜色，需要在"图层"面板中新建一个图层，然后再设置渐变角度。

6.2　路径面板的应用

关键字
路径面板、填充路径

视频学习　光盘\第6章\6-2-2填充路径

难度水平
◆◆◆◇◇

　　路径面板中显示存储的每条路径、当前工作路径和当前矢量蒙版的名称和缩略图，利用"路径"面板中的按钮，可以对路径进行编辑操作。另外，可以利用路径选择工具、直接选择工具、添加锚点工具、删除锚点工具、转换点工具等编辑路径。

6.2.1 路径面板

创建路径后，可以通过路径面板对路径进行填充、描边、创建选区等操作，执行"窗口 > 路径"命令，可以将路径面板打开，下面具体介绍路径面板的功能。

1．新建路径

在使用形状工具绘制任意路径后，在"路径"面板中将自动为绘制的路径创建临时的"工作路径"，也可以在"路径"面板下方单击"创建新路径"按钮 创建路径。

2．删除路径

选择需要删除的路径，再单击"路径"面板下方的"删除当前路径"按钮 ，打开警示对话框，提示是否删除路径，还可以在"路径"面板中，直接拖曳需要删除的路径到"删除当前路径"按钮上，则不会打开警示对话框。

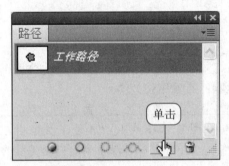

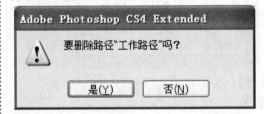

3．存储路径

单击"路径"面板右上角的扩展按钮 ，在弹出的面板菜单中选择"存储路径"命令，打开"存储路径"对话框，在"名称"文本框中输入存储路径的名称，对路径进行存储。

4．设置面板属性

在面板菜单中，选择"面板选项"命令，在打开的"路径面板选项"对话框中，可以选择在"路径"面板中显示路径缩略图的视图大小。

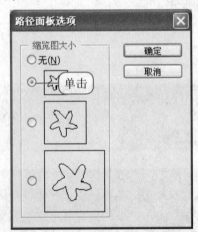

6.2.2 填充路径

在路径面板中对路径的填充方式与图像选取的填充类似，在对路径进行填充时，首先需要设置前景色或背景色，如果要填充图案，可以将所需的图像定义为图案，下面具体介绍路径的填充过程。

步骤1：选中路径后单击填充按钮。

① 使用形状工具绘制路径后，新建一个图层，打开"路径"面板，选中"工作路径"。

② 按住Alt键的同时单击面板下方的"用前景色填充路径"按钮 ●。

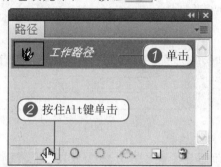

步骤3：设置填充颜色。

① 在打开的"选取一种颜色"对话框中设置颜色为R8、G114、B6。

② 设置完成后，单击"确定"按钮。

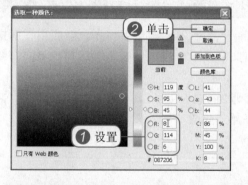

步骤2：选择填充类型。

① 打开"路径填充"对话框，单击"使用"后的下三角按钮 ✓。

② 在弹出的下拉列表中选择"颜色"填充方式。

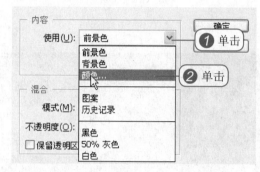

步骤4：查看填充效果。

返回到"填充路径"对话框中，单击"确定"按钮，即可看到为路径填充颜色后的图像效果。

查看填充颜色后的图像效果

6.2.3 将路径作为选区载入

在路径面板中，可以通过创建选区的方式将路径转换为选区。在面板菜单中选择"建立选区"命令，弹出"建立选区"对话框，在对话框中可以设置选区羽化值、是否消除锯齿等选项。下面介绍将路径作为选区载入的具体操作。

步骤1：选中路径建立选区。

① 使用形状工具绘制路径后，打开"路径"面板，选中"工作路径"。

② 在面板菜单中选择"建立选区"命令。

步骤2：设置建立的选区。

❶ 在 "建立选区" 对话框中设置 "羽化半径" 为5像素，勾选 "消除锯齿" 复选框。

❷ 设置完成后，单击 "确定" 按钮。

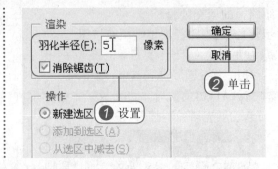

6.3 文字的基本操作

难度水平
◆◆◇◇◇

关键字
基本属性、文字颜色、段落格式

视频学习 光盘\第6章\6-3-1创建文字、6-3-2设置文字的基本属性、6-3-3设置文字方向、6-3-4设置段落格式

在平面设计作品中，文字是不可缺少的元素，高水平的文字排版能够实现锦上添花，起到美化作品的效果。通常情况下会对文字进行艺术化处理，以及对文字进行变形等操作，本节将着重介绍Photoshop中文字的基本操作。

6.3.1 创建文字

利用文字工具可以在图像中添加文字，在 Photoshop 中创建文字与在一般应用程序中创建文字的方法一致，可以直接在工具箱中单击文字工具，也可以按 T 键选择。下面介绍使用文字工具创建文字的具体操作。

步骤1：选择文字工具。

❶ 打开随书光盘\素材\6\04.JPG素材文件，单击工具箱中的 "横排文字工具" 按钮 **T**。

❷ 在页面中单击，设置文字起始位置。

步骤2：输入文字。

在单击位置，输入文字信息。

查看输入的文字效果

提示：快速退出文字编辑

使用文字工具输入文本后，可以在工具箱中单击除文字工具外的任意工具，即可退出文本编辑状态。

6.3.2 设置文字的基本属性

在 Photoshop 中可以使用文字工具属性栏对字体进行设置，也可以在字符面板中对文字的基本属性进行设置。下面具体介绍如何设置文字的基本属性。

步骤1：选中文字。

打开随书光盘\素材\6\05.JPG素材文件，单击工具箱中的"横排文字工具"按钮 T，在页面中单击并输入单行文字，使用"横排文字工具"拖曳文字，将文字选中。

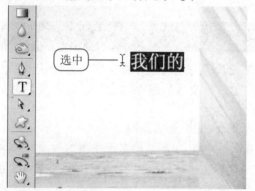

步骤2：设置字体和文字大小。

❶ 在属性栏中，单击字体系列的下三角按钮，弹出字体系列下拉列表选项。

❷ 选择合适的字体。

❸ 设置字体大小为48点。

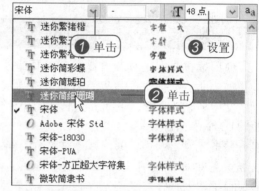

步骤3：继续创建文字。

❶ 单击工具箱中的"直排文字工具"按钮 IT。

❷ 在页面中创建文字，并设置步骤2中相同的文字属性。

步骤4：设置文字颜色。

❶ 选中"我们的"横排文字。

❷ 单击属性栏中的"设置文本颜色"颜色块。

步骤5：设置文本颜色。

❶ 在打开的"选择文本颜色"对话框中设置文字颜色为R148、G215、B231。

❷ 设置完成后单击"确定"按钮。

步骤6：查看文字效果。

为直排文字填充合适的颜色，查看设置基本属性后的文字效果。

提示：设置字号大小

在设置文字字号大小时，可以在下拉列表中选择字号大小选项，还可以根据用户需要，在文本框中输入字号的大小，字号大小有一定的范围限制，这与创建的文件大小有关。

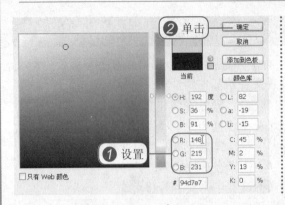

查看文字效果

6.3.3 设置文字方向

使用横排文字工具和直排文字工具输入的文字记忆快速切换，将文字的方向从水平方向更改为垂直方向，或将垂直方向更改为水平方向，更改之后起始的文字位置不变，其后面的文字随之而变化，下面介绍具体的操作步骤。

步骤1：输入横排文字。

打开随书光盘\素材\6\06.JPG素材文件，单击工具箱中的"横排文字工具"按钮 T，在页面中输入一行文字。

步骤2：变换文字方向。

在属性栏中，直接单击最左侧的"更改文本方向"按钮 T，即可将文字从水平方向更改为垂直方向。

输入

变换文字方向后的效果

6.3.4 设置段落格式

使用段落面板可以对使用文字工具在页面中输入的段落文字进行排版编辑，在文字工具的属性栏中也可以对输入的段落文字进行对齐、首行缩进、行间距等操作。下面介绍如何设置段落格式。

步骤1：输入段落文字。

打开随书光盘\素材\6\7.JPG素材文件，选择"横排文字工具"，在页面中拖曳创建一个合适大小的文本框，在文本框中输入段落文字，文字默认以左对齐方式显示。

步骤2：打开"段落"面板。

执行"窗口>段落"命令，打开"段落"面板。

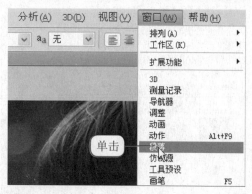

步骤3： 在面板中设置段落格式。

在"段落"面板中单击最上方的"右对齐文本"按钮。

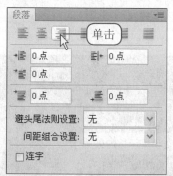

步骤4： 查看段落文本效果。

在面板中设置对齐方式后，可以看到右对齐的段落文本效果。

右对齐方式的段落文本效果

105

6.4 文字的变形

难度水平
◆◆◇◇◇

关键字
变形文字、设置路径文字

视频学习　光盘\第6章\6-4-1使用变形文字设置文字、6-4-2设置路径文字

　　利用变形文字功能可以制作出丰富多彩的文字变形效果，使文字的效果更加动感。在"变形文字"对话框中选择不同的变形类型，可以设置特殊的变形效果，本节将详细介绍文字变形的操作步骤。

6.4.1 使用变形文字设置文字

　　在图像窗口中输入文字后，执行菜单命令，则打开"变形文字"对话框，在对话框中为文字选择不同的变形样式，即可为文字进行变形处理，下面介绍文字变形的具体操作。

步骤1： 选中文字图层。

打开随书光盘\素材\6\11.JPG素材文件，在页面中输入文字，在"图层"面板中，选中添加的文字图层。

步骤2： 设置文字变形。

❶ 在属性栏中单击"创建文字变形"按钮
　　［1］，在打开的"变形文字"对话框中，
　　单击"样式"后的下三角按钮。

❷ 在弹出的下拉列表中选择"花冠"选项。

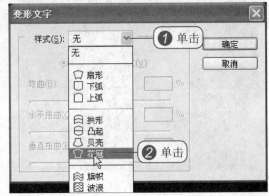

步骤3：调整参数。

❶ 在选择的"花冠"变形样式下，调整变形的"弯曲"度为+57%。

❷ 设置完成后单击"确定"按钮。

步骤4：查看变形后的文字效果。

经过以上操作后，即可在页面中为文字图层添加花冠形状的文字变形。

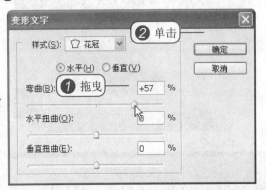

文字变形后的效果

106

▶ 你问我答

问：如何快速改变对话框中的数值？

答：要快速改变对话框中的数值，首先单击对话框中的数字，让光标停在对话框中，然后就可以用"↑"和"↓"方向键来改变数值了，还可以拖曳鼠标将数字选中，以蓝色为底框颜色，然后使用鼠标的滑动轮来调整对话框中的参数值。

6.4.2 设置路径文字

使用钢笔工具或形状工具创建合适的路径后，可以结合工具箱中的文字工具对绘制的路径添加文字，创建随路径移动的流动文字效果，还可以为路径文字填充颜色、添加合适的样式以及设置不透明度等，下面介绍设置文字路径的具体操作。

步骤1：新建文件后填充渐变。

新建一个文件，在图层面板中复制一个背景图层，选择工具箱中的"渐变工具"，为背景图层设置渐变填充颜色。

步骤2：绘制形状图层。

选择"钢笔工具"，单击属性栏中的"形状图层"按钮，在页面中绘制一个花朵形状图层。

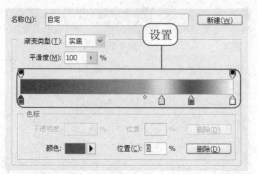

步骤3：选择文字工具。

在工具箱中选择"横排文字工具"，在页面中，将鼠标光标移动到绘制的形状路径边位置单击。

步骤4：添加路径文字。

设置文字大小为10，颜色为白色，在页面中添加合适的路径文字，文字的位置沿着创建的形状图形移动。

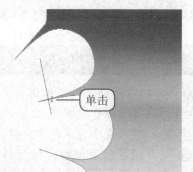

107

6.5 难度水平
◆◆◇◇◇

文字图层的编辑

关键字
栅格化、路径、渐变色、添加样式

视频学习　光盘\第6章\6-5-2将文字转换为路径、6-5-3为文字图层添加样式

　　使用文字工具创建文本时，在图层面板中是以缩略图样式显示图层的，双击图层的缩略图，即可将添加的文本图层上的文字全部选中，对文本进行编辑。

6.5.1 栅格化文字图层

　　在 Photoshop 中，有些菜单命令和工具不可以在文字上直接操作，需要将文字图层进行栅格化处理转换为位图，然后再对文字进行编辑。下面介绍对文字图层进行栅格化操作的具体步骤。

步骤1：执行菜单命令。

❶ 新建一个文件并输入文字，在"图层"面板中，右键单击文字图层。

❷ 在弹出的菜单中选择"栅格化文字"命令。

步骤2：查看图层。

将文字图层进行栅格化操作后，文字图层即可变成图形图层。

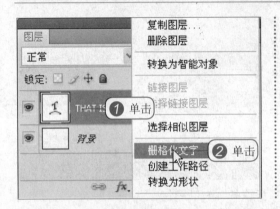

▶ 补充知识

　　选中文字图层，执行"图层 > 栅格化文字"命令，将文字图层进行栅格化处理转换为位图后，不能够对文字进行重新编辑，所以，对文字图层进行栅格化处理需要慎重。

6.5.2　将文字转换为路径

　　通过将文字图层中的文字形状保存为路径形式，可以对文字的外形进行变换，通过对路径进行调整可以设置个性化的文字形状，下面介绍具体的操作步骤。

步骤1：新建文件添加文字。

新建一个文件，设置背景颜色为黑色，选择"横排文字工具"，将文本颜色设置为R190、G33、B196，然后在页面中添加合适的文字。

步骤3：添加锚点并调整路径。

在"图层"面板中，单击"文字"图层前面的"眼睛"图标，将文字图层隐藏。在工具箱中选择"添加锚点工具"，使用该工具在创建的文字路径上单击，添加合适的锚点，并结合使用"直接选择工具"，调整锚点的位置。

步骤2：载入文字选区创建路径。

❶ 在"图层"面板中，按住Ctrl键的同时单击文字图层，载入文字选区。

❷ 打开"路径"面板，单击面板下方的"从选区生成工作路径"按钮 ◯。

步骤4：载入文字选区。

在"路径"面板中，单击面板下方的"将路径作为选区载入"按钮 ◯，载入变形后的文字路径。

108

步骤5：为文字填充颜色。

在"图层"面板中，新建一个图层，选择"渐变工具"，打开"渐变编辑器"对话框，设置合适的颜色渐变。

步骤6：将其他文字转换为路径。

根据前面介绍的设置路径的方法，继续将其他文字转换为路径，并填充渐变颜色。

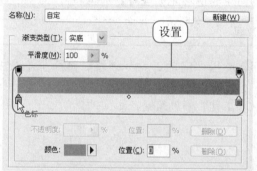

6.5.3 为文字图层添加样式

在文字图层上为其添加不同类型的样式，可以将文字设置得生动而富有层次，可以使用样式面板为文字图层添加预设的样式，下面介绍具体的操作步骤。

步骤1：合并图层。

❶ 打开本节中的素材文件，在"图层"面板中，按Shift键同时单击"图层2"和"图层3"，将两个图层选取。

❷ 将这两个图层合并为一个图层。

步骤2：打开"样式"面板。

执行"窗口>样式"命令，打开"样式"面板，在"样式"面板中，选择合适的样式。

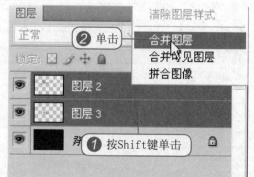

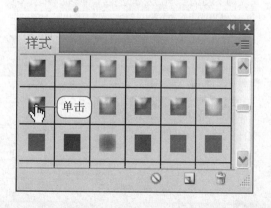

步骤3：查看添加样式效果。

在文字图层上添加了选中的样式后，可以在页面中看到添加样式后的文字效果。

【设计师之路】设计是有目的的策划，这就需要设计师用视觉元素来传播设想和计划，用文字和图形把信息传达给受众，让人们通过这些视觉元素了解设想和计划，这才是我们设计的目的。

查看添加样式后的文字效果

···知识进阶：添加文字制作流动文字效果···

运用钢笔工具绘制曲线路径，将需要表达的文字沿着绘制的路径排列显示，使文字更具有表现性，突出主题，美观且富有动感，将画面中的所有元素显得更加柔和。

光盘	第6章 \ 添加文字制作流动文字效果

❶ 执行"文件>新建"命令，新建一个文件。选择工具箱中的"钢笔工具"，在其选项栏中单击"路径"按钮，在页面中单击绘制路径。

单击

❷ 使用"钢笔工具"继续在页面中单击并拖曳，绘制人物路径，结合"直接选择工具"修改路径。

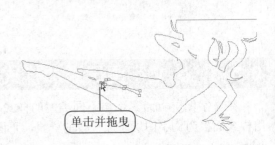

单击并拖曳

❸ 在"图层"面板中，创建一个新图层。打开"路径"面板，单击"将路径作为选区载入"按钮，然后按快捷键Ctrl+Shift+I反选选区，将绘制的人物路径载入选区。

工作路径

单击

❹ 单击工具箱中的前景色块，在打开的"拾色器（前景色）"对话框中，设置合适的颜色，然后单击"确定"按钮，按快捷键Alt+Del，为选区内图像填充设置的颜色。

R: 246
G: 231
B: 231

输入

为选区内图像填充颜色后的效果

⑤ 在"图层"面板中，新建一个图层。选择"渐变工具"，打开"渐变编辑器"对话框，设置合适的渐变颜色，然后单击"确定"按钮，按快捷键Ctrl+D取消选区。

⑦ 按快捷键Ctrl+D取消选区，使用"钢笔工具"在页面中绘制弯曲路径。

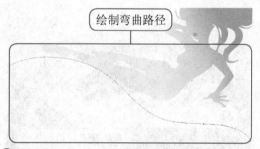

⑨ 在"图层"面板中，右键单击文字图层，在弹出的下拉菜单中，选择"栅格化文字"选项。

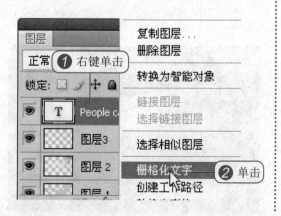

⑥ 使用"钢笔工具"在页面中绘制嘴唇路径，在"路径"面板中，单击"将路径作为选区载入"按钮，将嘴唇路径载入选区。在"图层"面板中新建一个图层，设置前景色为R251、G111、B86，为选区填充颜色。

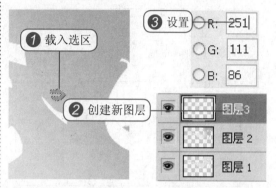

⑧ 选择工具箱中的"文字工具"，在绘制的路径上单击，设置文字颜色为R217、G188、B144，然后输入需要的文字。

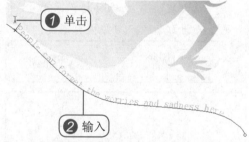

⑩ 单击"添加图层样式"按钮，在弹出的下拉菜单中选择"外发光"选项，在打开的"图层样式"对话框中设置"外发光"中的各项参数，为文字添加"外发光"图层样式。

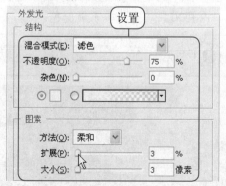

111

⑪ 选择工具箱中的"画笔工具"，在"画笔"面板中设置画笔大小等选项。在"图层"面板中，新建一个图层。打开"路径"面板，选中"工作路径"，单击"用画笔描边路径"按钮，为绘制的路径描边。

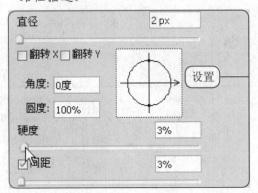

⑬ 在"图层"面板中，按住Ctrl键的同时单击"图层4"的缩略图，将其载入选区。新建一个图层，选择"渐变工具"，设置合适的渐变颜色，单击"确定"按钮为选区内图像填充渐变。

⑮ 使用"钢笔工具"和"直接选择工具"在页面中绘制装饰花朵的路径，再使用"渐变工具"为其填充渐变色。

⑫ 根据上一步的操作，绘制多个曲线路径并设置相同的描边。

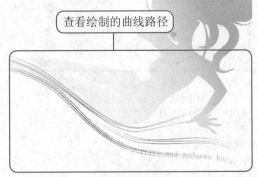

⑭ 将随书光盘\素材\6\01.PSD、02.PSD素材文件置入到图像中，调整到合适的位置，在"图层"面板中，选中背景图层，将其填充为黑色。

⑯ 继续在页面中添加装饰花朵，分别为其填充不同的颜色，完成本实例制作。

Chapter 7

不可不知的关键

——图层的应用

要点导航

将图层对齐分布
为图像添加指定的样式
变换图层的混合模式
制作外发光的效果
复制添加的图层样式
图层蒙版的添加

　　图层是 Photoshop 中一个核心的功能，对编辑图像起着重要的作用。图层相当于一层透明纸，每张透明纸上都有单独的图像，层叠在一起后就可以构成一幅完整的图像。图像可以由一个或多个图层组成，可以根据需要将几个图层链接或合并成一个图层，也可以增加或删除图像中的任何一个图层。

　　本章的重点就是讲解如何熟练地运用图层制作出一些图像效果，熟练地掌握图层的基本操作，在图像处理时将大大提高工作效率。

7.1 图层的操作

视频学习 光盘\第7章\7-1-4链接与合并图层、7-1-5图层的对齐与分布

难度水平
◆◆◇◇◇

图层是图像的重要组成部分，几乎所有图像在编辑过程中都要用到图层，所以在编辑和绘制图像之前，先要了解图层的基本操作。图层的基本操作包括创建图层、移动图层、复制图层、删除图层、合并图层、链接图层、对齐与分布图层等内容。下面分别对图层的这几个操作进行介绍。

7.1.1 图层的创建

在编辑一幅比较复杂的图像时，需要多个图层来完成操作，这就需要应用图层的创建功能。图层的创建有3种方式，可以从图层菜单中进行创建，也可以在图层面板中单击创建新图层按钮进行创建，还可以选择图层面板的菜单命令创建图层，下面对这三种方式分别进行介绍。

1. 应用"图层"菜单命令创建

❶ 执行"图层＞新建＞图层"命令，打开"新建图层"对话框。

❷ 在对话框中设置名称、颜色、模式和不透明度等，设置后单击"确定"按钮即可创建新图层。

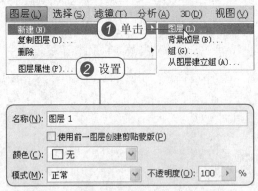

3. 从"图层"面板菜单命令新建

❶ 在"图层"面板中，单击右上角的下三角按钮。

❷ 在弹出的快捷菜单中选择"新建图层"命令，即可创建新图层。

2. 从"图层"面板中创建

执行"窗口＞图层"命令，打开"图层"面板，在面板下方单击"创建新图层"按钮，即可在背景图层上新建一个透明图层。

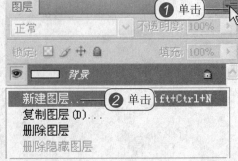

7.1.2　移动图层

在编辑图像时，图层按照一定的顺序层叠起来，可以通过菜单命令实现，还可以在图层面板中直接选中图层，单击并拖曳来移动图层，具体的操作步骤如下。

步骤1：打开文件选择图层。

打开随书光盘\素材\7\01.PSD素材文件，在"图层"面板中，选中"图层1"，将其拖曳至需要移动到的图层上方。

步骤2：释放鼠标查看移动位置。

释放鼠标后，即可将选中的图层移动到"图层2"的上方。

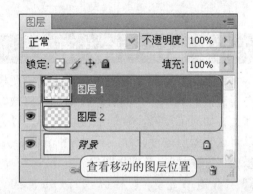

7.1.3　复制、删除图层

复制图层是在同一图像文件或不同的图像文件中复制图像的简便方法，如果复制的图像文件存在不同的分辨率，图层的图像内容将会根据分辨率的不同缩放显示，如果图像中有不需要的图层，那么可以对图层进行删除，下面对复制和删除图层分别进行介绍。

步骤1：拖曳图层至"创建新图层"按钮。

打开7.1.2节中的素材文件，在"图层"面板中，单击需要复制的"图层1"，将其拖曳至"创建新图层"按钮 上。

步骤2：查看复制图层效果。

释放鼠标后即可看到复制的"图层1副本"。

步骤3：选中图层并拖曳至"删除图层"按钮。

选择"图层2"，将其拖曳至面板下方的"删除图层"按钮 上。

步骤4：查看删除图层效果。

释放鼠标后，在"图层"面板中将不再显示删除的图层缩略图。

115

7.1.4　链接与合并图层

　　如果需要将两个或两个以上图层的图像同时进行操作，则可以将这些图层进行链接。在对链接的其中一个图层进行编辑和修改时，链接的其他图层也相应进行了相同的编辑和修改。如果需要减少存储的图层数目，以方便对图层进行操作以及减小文件的大小，则可以将这些图层进行合并，下面分别介绍合并和链接图层的操作。

步骤1：选中图层并链接图层。

❶ 打开随书光盘\素材\7\02.PSD素材文件，在"图层"面板中，按住Shift键的同时单击3个文字图层，将其同时选中。

❷ 单击面板下方的"链接图层"按钮 🔗。

步骤2：编辑链接图层。

❶ 将所选图层链接后，在"图层"面板中选中其中一个文字图层。

❷ 使用"移动工具"移动图层中文字的位置，其他链接图层也被同时移动位置。

步骤3：合并图层。

❶ 在"图层"面板中，右键单击"图层2"。

❷ 在弹出的快捷菜单中，选择"合并可见图层"命令。

步骤4：查看合并后的图像效果。

在"图层"面板中可以看到，所有图层被合并为一个图层，而合并后的图像效果与原来的图像效果相同。

▶ **补充知识**

　　将所选择的图层进行链接时，要同时选择两个或者两个以上的图层，才能对图层进行链接，单独的图层不能进行链接。

　　在合并图层时，如果所选择的图层中有更改了图层的混合模式的图层，那么将所选择的图层进行合并后图像效果会产生一定的影响。

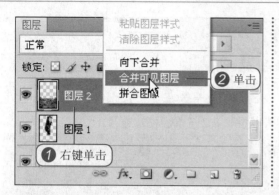

查看合并图层后的图像效果

7.1.5 图层的对齐与分布

在图层处理过程中，由于分布于多个图层的图像位置不同，所以需要设置图像的对齐以及分布。在菜单命令中，可以将图像进行顶边、底边、左边、右边、垂直居中和水平居中操作，具体操作步骤如下。

步骤1：选中对齐图层。
打开随书光盘\素材\7\03.PSD素材文件，在"图层"面板中，同时选中"图层2"、"图层3"、"图层4"和"图层5"。

步骤2：执行菜单命令。
执行"图层>对齐>底边"命令，将选中的图层底边对齐。

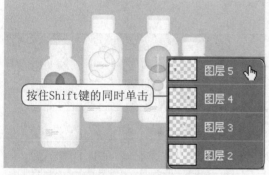

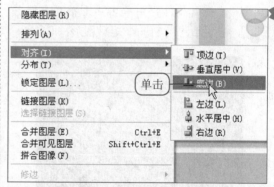

步骤3：查看对齐图层后的图像效果。
执行菜单命令后，将图像进行了底边对齐，再次执行"图层>分布>左边"命令。

步骤4：查看图像效果。
在页面中可以看到，已经将4个瓶子图像进行了底边和左边对齐与分布。

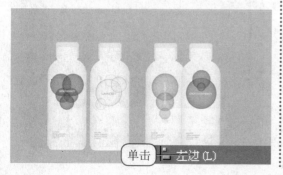

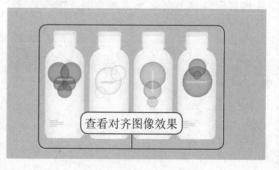

查看对齐图像效果

117

7.2 图层的样式

难度水平
◆◆◆◇◇

关键字
样式、图层样式、混合模式

视频学习 光盘\第7章\7-2-1通过"样式"面板添加样式、7-2-2通过"图层"面板添加样式、7-2-3图层混合模式、7-2-4添加发光效果、7-2-5添加斜面和浮雕效果、7-2-6添加描边效果

在 Photoshop 中提供了 10 种图层样式效果,通过设定图层样式可以绘制出不同的图像效果。在"图层样式"对话框的左侧可以看到图层样式的效果主要有投影、内阴影、外发光、内发光、斜面和浮雕、光泽、颜色叠加、渐变叠加、图案叠加和描边,本节将讲述如何应用这些图层样式。

7.2.1 通过"样式"面板添加样式

在样式面板中包括多种方便快捷的样式选项,在制作按钮效果时,直接单击需要的样式即可添加样式,也可以根据需要随意制作出多种不同类型的样式效果,还可以对样式效果进行存储,便于以后使用,具体的操作步骤如下。

步骤1:选择矩形工具。

新建一个文件,选择工具箱中的"圆角矩形工具",在其属性栏中单击"形状图层"按钮,在页面中绘制一个矩形图形。

步骤2:打开样式面板添加样式。

执行"窗口>样式"命令,打开"样式"面板,在"样式"面板中选择"铆钉"样式。

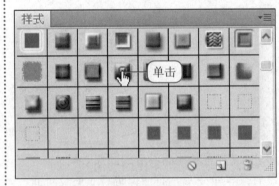

单击并拖曳

步骤3:查看添加样式后的图像效果。

在页面中可以看到,图像添加了"铆钉"样式后的图像效果。

查看添加样式后的图像效果

118

7.2.2 通过"图层"面板添加样式

在 Photoshop 中,为图层添加样式的方法很多,既可以通过菜单命令进行样式的添加,也可以直接在图层面板中选择样式菜单选项,下面介绍具体的操作步骤。

步骤1:打开文件选中图层。

打开随书光盘\素材\7\04.PSD素材文件,在"图层"面板中,单击"图层1"。

步骤2:选择图层样式命令。

❶ 单击"图层"面板下方的"添加图层样式"按钮 fx. 。

❷ 在弹出的图层样式菜单中选择"投影"命令,打开"图层样式"对话框。

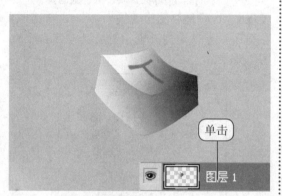

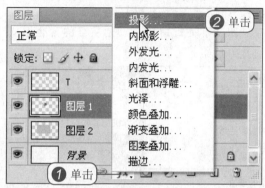

步骤3:设置图层样式选项。

❶ 在对话框中的"投影"选项卡中,设置角度、距离、扩展、大小等。

❷ 设置完成后,单击"确定"按钮。

步骤4:查看添加图层样式效果。

在页面中,可以看到为"图层1"添加了"投影"图层样式的图像效果。

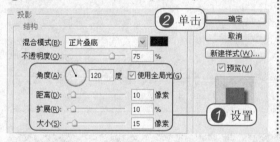

查看添加投影的图像效果

7.2.3 图层混合模式

图层混合模式也就是一个图层与其下一层图层的色彩叠加方式,Photoshop 中包括多种混合模式,这些混合模式可以产生多种合成效果,下面介绍具体操作。

步骤1:打开文件绘制矩形。

❶ 打开随书光盘\素材\7\01.JPG素材文件,在"图层"面板中新建一个图层。

❷ 选择工具箱中的"矩形工具",在页面中绘制一个白色矩形,并旋转合适的角度。

步骤2:复制多个矩形。

❶ 按住Alt键,单击绘制的矩形并拖曳,复制矩形图像,继续复制多个矩形,并为其分别填充白色和红色(R190、G5、B5)。

❷ 选中全部矩形图层,合并为一个图层。

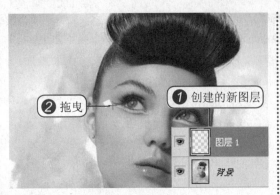

② 拖曳　　　① 创建的新图层

图层 1
背景

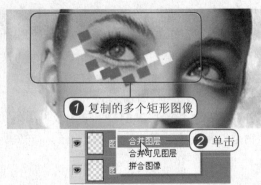

① 复制的多个矩形图像

合并图层　　② 单击
合并可见图层
拼合图像

步骤3：设置图层混合模式。
在"图层"面板中，将"图层"的混合模式设置为"柔光"。

步骤4：查看最终图像效果。
在页面中可以看到设置了图层混合模式后的图像效果。

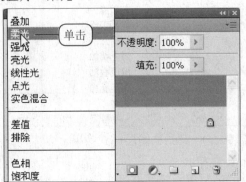

叠加
柔光　　—— 单击
强光
亮光
线性光
点光
实色混合

差值
排除

色相
饱和度

不透明度：100%
填充：100%

查看最终图像效果

▶ **补充知识**

　　混合模式可以去除当前图层中的暗像素，也可以强制下层图层中的亮像素显示出来，还可以定义部分混合像素的范围，在混合区域和非混合区域之间产生一种平滑的过渡。

　　在混合模式选项中，共有25种模式供用户选择，分别是正常、溶解、变暗、正片叠底、颜色加深、线性加深、深色、变亮、滤色、颜色减淡、线性减淡、浅色、叠加、柔光、强光、亮光、线性光、点光、实色混合、差值、排除、色相、饱和度、颜色、明度模式。

7.2.4　添加发光效果

　　图层样式中包括外发光图层样式和内发光图层样式，外发光图层样式用于图层中图像的外边缘添加发光效果，内发光图层样式则用于图层中图像的内边缘添加发光效果。通过设置发光颜色，可以对图像的颜色深浅进行调整，下面介绍内发光图层样式的具体操作。

步骤1：打开文件选中图层。
打开随书光盘\素材\7\02.JPG素材文件，在"图层"面板中，复制一个"背景"图层。

步骤2：选择图层样式命令。
❶ 单击"图层"面板下方的"添加图层样式"按钮 fx.。
❷ 在弹出的图层样式菜单中选择"内发光"命令，打开"图层样式"对话框。

复制的背景图层   背景 副本

背景

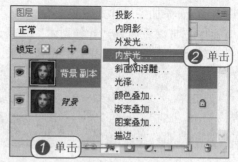

② 单击

① 单击

步骤3： 设置图层样式选项。

❶ 在对话框中的"内发光"选项卡中，设置方法、阻塞、大小等。

❷ 设置完成后单击"确定"按钮。

步骤4： 查看添加图层样式效果。

在页面中，可以看到为"背景副本"图层添加了"内发光"图层样式的图像效果。

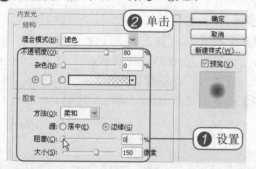

② 单击   ① 设置

查看添加内发光的图像效果

7.2.5 添加斜面和浮雕效果

斜面和浮雕图层样式用于为图层添加高光与阴影的组合效果，斜面和浮雕图层样式包括斜面、内斜面、浮雕、枕浮雕和描边浮雕5种效果，也是 Photoshop 中最复杂的一种效果。下面介绍设置斜面和浮雕图层样式的具体操作。

步骤1： 打开文件选中图层。

❶ 打开随书光盘\素材\7\03.JPG素材文件，复制一个"背景"图层，单击"添加图层样式"按钮。

❷ 在弹出的图层样式菜单中选择"斜面和浮雕"命令。

步骤2： 设置图层样式选项。

❶ 在打开的"图层样式"对话框中的"斜面和浮雕"选项卡中，设置深度、方向、大小、软化、角度、高度等。

❷ 设置完成后单击"确定"按钮。

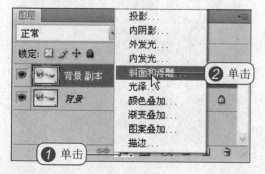

① 单击   ② 单击

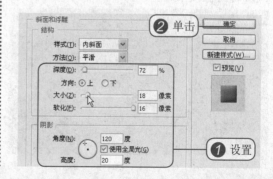

② 单击   ① 设置

步骤3：查看添加图层样式效果。

在页面中，可以看到为"背景副本"图层添加了"斜面和浮雕"图层样式的图像效果。

【设计师之路】在设计中，最重要的是设计师的意念，好的意念需要修养和时间慢慢去积累，这样才能使文化和智慧不断地补给，设计师的思维会越来越丰富。

查看添加斜面和浮雕样式的图像效果

7.2.6 添加描边效果

描边图层样式是使用颜色、渐变或图案在当前图层上描绘对象的轮廓，效果直观，简单，应用比较广泛，下面介绍设置描边图层样式的具体操作。

步骤1：打开文件选中图层。

❶ 新建一个文件，将随书光盘\素材\7\04.JPG素材文件置入，在"图层"面板中，单击面板下方的"添加图层样式"按钮 **fx.**。

❷ 在弹出的图层样式菜单中选择"描边"命令。

步骤2：设置图层样式选项。

❶ 在打开的"图层样式"对话框中的"描边"选项卡中，设置大小、位置、混合模式、不透明度等。

❷ 设置完成后单击"确定"按钮。

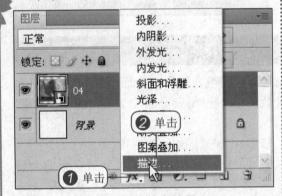

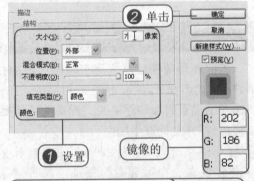

步骤3：查看添加图层样式效果。

在页面中，可以看到添加了"描边"图层样式后的图像效果。

【设计师之路】作为设计师应该对人们的视觉因素充分了解，例如从上到下，从左到右，喜欢连贯的、重复的，喜欢有对比的，还有在颜色方面人们最喜欢的互补色等。设计是对人本的关注，首先应对文化与人的感知方式进行研究，并且应用到实践中去总结。

查看添加描边样式的图像效果

122

7.3

难度水平

◆◆◇◇◇

图层样式的编辑

　　在创建的图层样式中，不仅可以对其进行重复编辑，也可以将其删除，还可以在图层之间进行图层样式的复制，将相同的图层样式应用到多个不同的图层上，本节将介绍图层样式的编辑操作。

7.3.1　复制图层样式

　　复制图层样式的方式有多种，可以在图层菜单下选择拷贝图层样式命令，也可以在图层面板中直接拖曳图层样式，将已有的图层样式复制到其他图层上。下面介绍复制图层样式的具体操作。

步骤1：选中图层并复制图层样式。

❶ 打开随书光盘\素材\7\09.PSD素材文件，在"图层"面板中，选中添加了图层样式的"图层2"。

❷ 右键单击选中图层，在弹出的快捷菜单中选择"拷贝图层样式"命令。

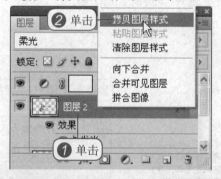

步骤2：选择菜单命令粘贴图层样式。

❶ 选中"图层1"，右击"图层1"的名称，在弹出的快捷菜单中选择"粘贴图层样式"命令。

❷ 在图层面板中可以看到"图层1"添加了与"图层2"相同的图层样式。

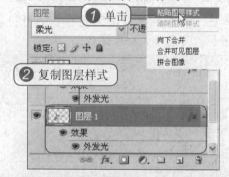

提示：复制某一个图层样式

　　在复制图层时，可以单击其中一个图层样式的名称，然后按住Alt键的同时拖曳图层样式至其他图层上，即可对选中的某一个图层样式进行复制。

7.3.2　删除图层样式

　　若需要将图层样式删除，可以通过菜单命令删除图层样式，也可以将图层样式直接拖曳至删除图层按钮上进行删除，下面介绍具体的操作步骤。

步骤1：拖曳图层样式。

打开7.3.1节中的素材文件，在"图层"面板中，选中"图层2"中的图层样式"效果"，并将其拖曳至"删除图层"按钮 🗑。

步骤2：删除图层样式效果。

释放鼠标后，在"图层"面板中可以看到"图层2"上的图层样式被删除了。

123

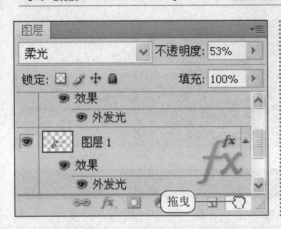

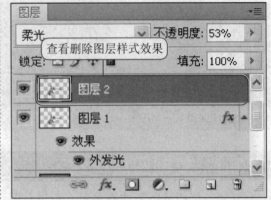

7.3.3　隐藏图层样式

　　在编辑图像过程中，有时需要将部分图像的图层样式进行隐藏，单击图层样式前的眼睛图标即可实现图层样式的隐藏和显示，下面介绍具体的操作步骤。

步骤1： 单击眼睛图标隐藏效果。

❶ 打开7.3.2节中的素材文件，在"图层"面板中选中"图层1"，可以看到在"效果"和样式名称前均有一个眼睛图标。

❷ 单击"效果"前的眼睛图标，则可将该图层的图层样式全部隐藏。

步骤2： 隐藏所有图层样式效果。

若需要将图像文件中所有图层上的图层样式效果都隐藏，可以执行"图层>图层样式>隐藏所有效果"命令。

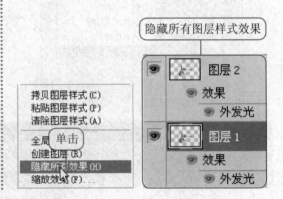

7.4	图层蒙版	关键字 添加、编辑、删除、图层蒙版

视频学习　光盘\第7章\7-4-1添加和编辑图层蒙版

难度水平
◆◆◆◇◇

　　使用图层蒙版可以显示或隐藏图层的部分图像，利用编辑蒙版，可以使蒙版中的图像发生变化，使该图层中的图像与其他图像之间的混合效果发生相应的变化，本节将详细介绍蒙版的相关内容。

7.4.1　添加和编辑图层蒙版

在任意图层上都可以添加图层蒙版，创建图层蒙版后，可以通过单击图层蒙版的缩略图将蒙版选中，然后使用绘图工具在图层蒙版中进行绘制编辑，具体操作步骤如下。

步骤1：涂抹快速蒙版。

打开随书光盘\素材\7\05.JPG、06.JPG素材文件，将06.JPG素材复制到背景图层中，单击工具箱中的"进入快速蒙版编辑模式"按钮，选择黑色柔边画笔在页面中进行涂抹。

步骤2：创建选区。

单击"退出快速蒙版编辑模式"按钮，退出快速蒙版编辑模式，根据绘制的区域创建选区，按快捷键Ctrl+Shift+I反选选区。

步骤3：执行菜单命令。

执行"图层>图层蒙版>显示选区"命令，根据绘制的区域创建选区。

步骤4：查看添加的图层蒙版。

在"图层"面板中，可以看到创建的图层蒙版，隐藏了选区以外的图像。

7.4.2　删除图层蒙版

对于不需要的图层蒙版，可以使用图层蒙版菜单命令进行删除，也可以在图层面板中，直接将图层蒙版拖曳至删除图层按钮上，下面介绍删除图层蒙版的具体操作。

步骤1：选择菜单命令。

❶ 打开7.4.1节中的素材文件，在"图层"面板中，右击添加的图层蒙版缩略图。

❷ 在弹出的快捷菜单中，选择"删除图层蒙版"命令。

步骤2：删除图层蒙版效果。

在图层面板中，查看"图层1"中添加的图层蒙版被删除了。

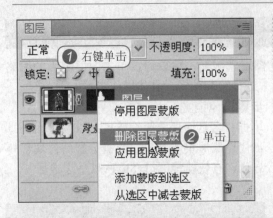

7.5 创建和编辑调整图层

关键字
创建、编辑、调整图层

难度水平
◆■◇◇◇◇

视频学习　光盘\第7章\7-5-1创建调整图层、7-5-2编辑调整图层

　　创建调整图层对图像进行色彩处理的效果与执行菜单命令处理的效果并无差别，但使用调整图层的优势在于创建调整图层不会对原始图像进行破坏，还能够重复进行色彩处理。

7.5.1　创建调整图层

　　创建调整图层，可以在图层面板中单击"创建新的填充或调整图层"按钮，也可以在菜单选项中选择需要添加的填充或调整图层，下面介绍具体的操作步骤。

步骤1： 打开素材文件。

打开随书光盘\素材\7\07.JPG素材文件，选择工具箱中的"快速选择工具"，在人物的脸部和颈部单击创建选区。

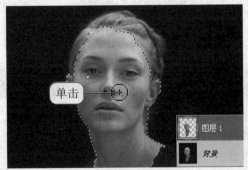

步骤3： 设置色相/饱和度参数。

❶ 在"调整"面板中选择"全图"。

❷ 拖曳滑块设置"色相"为12、"饱和度"为40。

步骤2： 添加调整图层。

❶ 在"图层"面板中，单击下方的"创建新的填充或调整图层" 按钮。

❷ 在弹出的快捷菜单中选择"色相/饱和度"命令。

步骤4： 查看添加的调整图层。

在"图层"面板中可以看到，在"图层1"之上添加了"色相/饱和度1"调整图层。

7.5.2 编辑调整图层

在添加的填充或调整图层中，直接双击图层缩略图，即可打开填充或调整图层的调整参数面板，在面板中可以对参数进行重新设置，下面介绍具体的操作步骤。

步骤1：打开调整面板。

打开7.5.1节中的素材文件，在"图层"面板中，双击"色相/饱和度1"的图层缩览图，打开"调整"面板。

步骤2：调整色相/饱和度参数。

在"调整"面板中，选择"红色"，设置"色相"为+1，"饱和度"为-41。

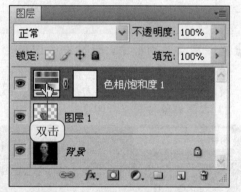

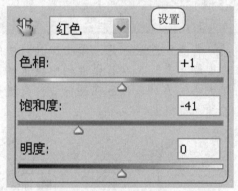

步骤3：添加亮度/对比度调整图层。

❶ 在"图层"面板中，选中"图层1"，再为其添加"亮度/对比度1"调整图层。

❷ 设置"亮度"为71，"对比度"为16。

步骤4：查看调整后的最终效果。

设置完参数后，在页面中可以看到人物面部和颈部皮肤变得光滑细腻。

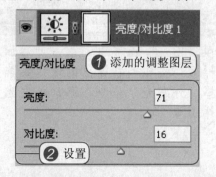

127

知识进阶：通过图层样式制作图像

运用外发光图层样式和渐变叠加图层样式制作光晕效果，配合使用画笔工具，结合图层混合模式等，制作出创意性图像效果，而图层蒙版使画面效果更为柔和协调。

光盘	第7章 \ 通过图层样式制作图像

① 打开随书光盘\素材\7\08.JPG素材文件，选择"魔棒工具"，在其选项栏中将"容差"设置为40，在页面中为沙漠图像创建选区。

② 按快捷键Ctrl+C,复制选区中图像，再按快捷键Ctrl+V,在"图层"面板中，将自动生成"图层1"。

③ 将"背景"图层隐藏，单击工具箱中的"模糊工具"，在其属性栏中设置"画笔大小"为20，然后在图像边　处进行涂抹，模糊边　。

④ 在"图层"面板中，新建一个图层"图层2"，设置前景色为黑色，然后按快捷键Alt+Del，将图层填充为黑色，将"图层2"向下调整位置至"图层1"下层。

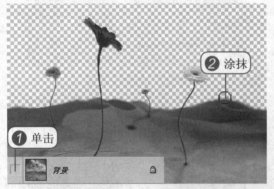

⑤ 打开随书光盘\素材\7\06.PSD素材文件，将素材复制到背景图像中，调整图像的大小和位置。

⑥ 在"图层"面板中，单击"添加图层样式"按钮，在弹出的快捷菜单中选择"外发光"命令，添加外发光图层样式。

复制的图像效果

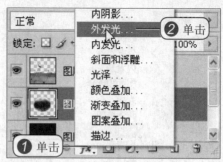

正常

锁定：

内阴影...
外发光... ② 单击
内发光...
斜面和浮雕...
光泽...
颜色叠加...
渐变叠加...
图案叠加...
描边...

① 单击

⑦ 打开"图层样式"对话框，在"外发光"选项卡中设置"不透明度"、"扩展"和"大小"等，设置完成后单击"确定"按钮，为图层添加外发光效果。

⑧ 打开随书光盘\素材\7\07.PSD素材文件，将素材复制到背景图像中，调整图像到合适大小。

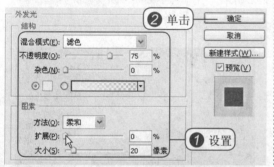

外发光
结构
② 单击
确定
取消
新建样式(W)...
☑ 预览(V)

混合模式(E)：滤色
不透明度(O)： 75 %
杂色(N)： 0 %

图素
方法(Q)：柔和
扩展(P)： 0 %
大小(S)： 20 像素

① 设置

原始素材图像

⑨ 在"图层"面板中，复制"图层4"，得到"图层4副本"图层，并分别调整复制的图像到合适的位置，将"图层4"、"图层4副本"调整到"图层3"下层。

⑩ 在"图层"面板中，调整"图层4"的混合模式为滤色模式，不透明度为53%，选中"图层4副本"，调整其混合模式为正常模式，不透明度为53%。为图像设置虚幻的效果。

调整位置后的图像效果

图层

滤色 不透明度：53%

锁定： 填充：100%

图层 4 ② 设置

图层 4 副本 ① 单击

图层 2

⑪ 设置了"图层4副本"的混合模式后，单击面板下方的"添加图层样式"按钮，在弹出的快捷菜单中选择"渐变叠加"命令，为图层添加渐变叠加图层样式。

⑫ 打开"图层样式"对话框，在"渐变叠加"选项卡中，设置"不透明度"、"角度"、"缩放"的值分别为36、90、80，单击"渐变"后的颜色条。

129

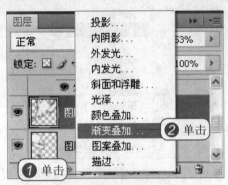

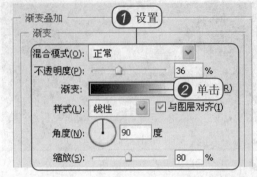

13 打开"渐变编辑器"对话框,单击"铬黄渐变"选项,然后单击"确定"按钮,返回到"图层样式"对话框中,单击"确定"按钮,应用设置的各项参数添加图层样式。

14 在画面中,查看添加了步骤13中设置的图层样式后的图像效果。

15 在"图层"面板中,选中"图层2",在"图层2"上层新建一个图层。选择"画笔工具",在属性栏中选择"星形",设置画笔大小为20像素,单击"喷枪"按钮,在页面左上角连续单击,绘制白色星形。

16 在"图层"面板中,将"图层5"的不透明度设置为38%,然后选中"图层1",单击面板下方的"添加图层蒙版"按钮,为"图层1"添加图层蒙版。

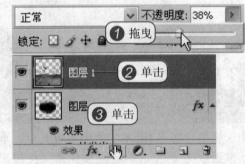

17 选择工具箱中的"画笔工具",设置画笔为柔角画笔,画笔大小为100像素,设置前景色为黑色,在页面中进行涂抹,擦除多余的部分。

18 打开随书光盘\素材\7\09.JPG素材文件,将素材复制到背景图像中,在"图层"面板中,自动生成"图层6",调整图像到合适位置。

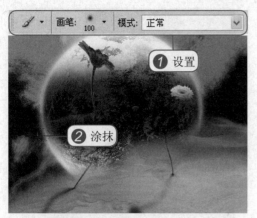

复制的图像

⑲ 在"图层"面板中，复制一个"图层6"，单击"图层6副本"前的眼睛图标，将图层隐藏，选中"图层6"，单击下方的"添加图层蒙版"按钮。

⑳ 选择"画笔工具"，设置画笔大小为60像素，设置前景色为黑色，然后在人物图像周围单击，设置不同的画笔大小，继续在图像周围单击，绘制不完整的效果。

连续单击

131

㉑ 在"图层"面板中，为"图层6"添加内发光图层样式，在"图层样式"对话框中的"内发光"选项卡中设置各项参数。设置完成后单击"确定"按钮。

㉒ 按住Ctrl键的同时单击"图层6"的蒙版缩览图，载入图像选区，选择"快速选择工具"，将多余的选区删除。

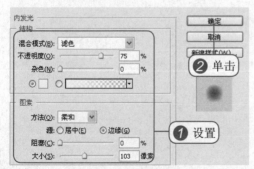

转入选区效果

按住Ctrl键单击

㉓ 选中"图层6副本"，按快捷键Ctrl+C，复制选区中图像，再按快捷键Ctrl+V，在"图层"面板中，将自动生成"图层7"，隐藏"图层6副本"。

㉔ 将"图层7"的图层混合模式设置为"叠加"，在页面中可以看到图像与背景相互映衬，至此，本实例制作完成。

最终图像效果

单击

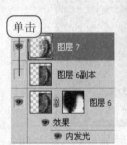

复制图层的图像效果

Chapter 8

图像的高级处理

——通道的应用

要点导航

认识通道
通道的基础操作
编辑通道
通过通道调整图像

通道功能是 Photoshop CS4 的重要功能之一，通道的可编辑性很强，色彩选择、套索选择、笔刷等都可以改变通道，几乎可以把通道作为一个位图来处理。

本章从通道选区设置开始介绍，讲解利用通道进行抠图的高级图像处理方法，也可以利用滤镜对单色通道进行各种艺术效果处理，设置有特色的图像纹理效果，还有对通道进行分离与合并操作，设置不同的图像色彩。

8.1 认识通道

关键字
通道、Alpha通道、专色通道

视频学习 光盘\第8章\8-1-2Alpha通道、8-1-3专色通道

难度水平
◆◆◆◇◇

在Photoshop CS4中编辑图像，实际上就是在编辑颜色通道，这些通道把图像分解成一个或多个色彩成分，每个颜色通道的数目是固定的，并且视色彩模式而定。

8.1.1 不同颜色模式下的通道

通道作为图像的组成部分，是与图像的格式密不可分的，图像的颜色模式决定了通道的数量和模式，在"通道"面板中可以直观地看到。如CMYK模式下的通道由CMYK、青色、洋红、黄色、黑色五个通道组成。

1. 素材文件

执行"文件 > 打开"命令，打开图像文件如下图所示。

2. RGB颜色模式的"通道"面板

打开"通道"面板，可以看到RGB颜色模式由RGB、红、绿和蓝通道组成。

3. CMYK颜色模式的"通道"面板。

执行"图像 > 模式 >CMYK"命令，将RGB颜色模式的图像转换为CMYK模式的图像，在"通道"面板中可以看到CMYK颜色模式由CMYK、青色、洋红、黄色和黑色通道组成。

4. Lab颜色模式的"通道"面板。

执行"图像 > 模式Lab"命令，将CMYK颜色模式的图像转换为Lab模式的图像，在"通道"面板中可以看到Lab颜色模式由Lab、明度、a和b通道组成。

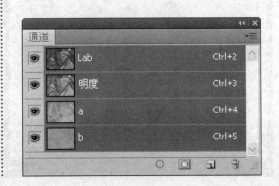

8.1.2　Alpha通道

　　Alpha 通道指的是特别的通道，该通道可以看做一个 8 位的灰阶，可以变现出 256 个不同的灰阶层次，可以设置不透明度，具有蒙版的功能与特性，还可以用于存储选区并对选区进行编辑等操作。Alpha 通道不会直接对图像的颜色产生影响。下面介绍 Alpha 通道的创建操作。

步骤1： 打开素材文件并创建选区。

打开素材文件，在工具箱中选择"魔棒工具"，在背景部分单击，创建选区效果如下图所示。

步骤2： 打开"通道"面板。

执行"窗口>通道"命令，打开"通道"面板，如下图所示。

步骤3： 将路径转换为选区。

在"通道"面板中单击底部的"将选区存储为通道"按钮，创建"Alpha 1"通道，如下图所示。

步骤4： 选择Alpha通道。

在"通道"面板中单击"Alpha 1"通道，将该通道选取，图像窗口中将显示该通道所包含的图像，如下图所示。

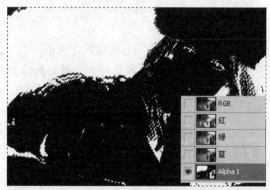

8.1.3　专色通道

　　专色是特殊的预混油墨，用于替代或补充印刷色（CMYK）油墨。为了使自己的印刷作品与众不同，往往会做一些特殊处理，如增加荧光油墨或夜光油墨、套版印刷制无色系等，这些特殊颜色的油墨无法用三原色油墨混合而成，这时需要专色通道与专色印刷。

步骤1：打开素材文件。

执行"文件>打开"命令，打开随书光盘\素材\8\01.JPG素材文件。

步骤3：创建文字选区。

按住Ctrl键的同时单击文字图层，将文字载入选区，在"图层"面板中单击"删除图层"按钮 🗑 。

❶ 按住Ctrl键后单击

❷ 单击

步骤5：打开"新建专色通道"对话框。

打开"新建专色通道"对话框，设置参数值如下图所示，设置完成后单击"确定"按钮。

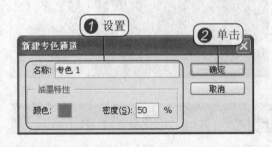

❶ 设置

❷ 单击

步骤2：添加文字蒙版。

在工具箱中选择"横排文字工具"按钮 T，在图像窗口中单击后输入主题文字，如下图所示。

输入文字

步骤4：为选区设置专色通道。

在"通道"面板中单击扩展按钮 ，在打开的菜单中选择"新建专色通道"命令，如下图所示。

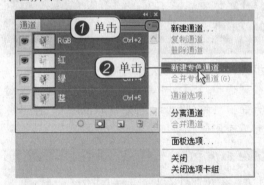

❶ 单击

❷ 单击

步骤6：查看图像效果。

在图像窗口中，为文字创建的专色通道效果如下图所示。

136

8.2	通道的基本操作	关键字 显示、复制、删除、选区

视频学习 光盘\第8章\8-2-3复制和删除通道

难度水平

◆◆◇◇◇

通道的基本操作包括选择通道、显示或隐藏通道、复制通道、删除通道等。使用"通道"面板可以创建并管理通道，还可以监视编辑效果，通道的操作与图层的操作类似。

8.2.1 显示/隐藏通道

显示或隐藏通道操作很简单，当通道在图像中可视时，在调板中该通道的左侧将出现一个眼睛图标 👁，单击该眼睛图标即可显示或隐藏通道。单击复合通道可以查看所有的默认颜色通道。只要所有的颜色通道可视，就会显示复合通道。

步骤1： 打开"通道"面板。

执行"文件>打开"命令，打开随书光盘\素材\8\02.JPG素材文件。

步骤2： 隐藏通道。

打开"通道"面板，单击"蓝"通道前面的眼睛图标，将"蓝"通道隐藏。

步骤3： 图像效果。

将"蓝"通道隐藏后，图像显示的颜色发生了变化，效果如下图所示。

步骤4： 显示通道。

回到"通道"面板中，单击"绿"通道前面的空白处，将眼睛图标显示出来。

137

8.2.2　选择通道

选择通道与选择图层的方法相同，使用鼠标在"通道"面板中单击各个通道，即可将其选取，按住 Shift 键的同时单击通道，可选择多个通道，在选取相应的通道后，在图像窗口中将显示出各个通道所包含的颜色信息。

步骤1：选择"青色"通道。

❶ 打开素材文件。

❷ 单击"通道"打开"通道"面板，单击"青色"通道，如下图所示。

步骤2"青色"通道下的图像效果。

根据上一步选择"青色"通道后，图像窗口中显示出青色通道所包含的图像效果，如下图所示。

8.2.3　复制和删除通道

对"通道"面板中的通道层进行编辑、复制和删除的方法与图层的操作方法类似，如果是在通道之间进行复制，则通道必须具有相同的像素尺寸。下面对通道的复制和删除操作进行介绍。

步骤1：打开素材文件。

执行"文件>打开"命令，打开随书光盘\素材\8\03.JPG素材文件。在"通道"面板中选择"绿"通道。

步骤2：复制"绿"通道。

❶ 按快捷键Ctrl+A全选"绿"通道，再按快捷键Ctrl+C复制"绿"通道。

❷ 单击"红"通道，粘贴"绿"通道到"红"通道。

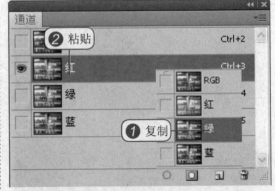

步骤3： 删除"绿"通道。

在"通道"面板中，选择"绿"通道后，单击"通道"面板底部的"删除当前通道"按钮 🗑，即可删除"绿"通道。

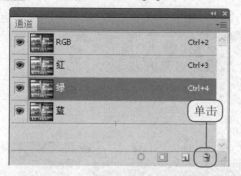

步骤4： 图像效果。

删除"绿"通道后，"通道"面板变成由"青色"和"黄色"组成的通道，变化后的图像效果如下图所示。

8.3　编辑通道

8.3

难度水平
◆◆◇◇◇

关键字
分离、合并、选区、载入

视频学习　光盘\第8章\8-3-1分离和合并通道、8-3-2从选区载入通道

　　对图像的编辑实质上是对通道的编辑，通道是记录图像信息的地方，无论色彩的改变、选区的增减、渐变的产生都会在通道中体现出来。本节将通过编辑通道来改变图像，通道的编辑操作主要包括分离通道、合并通道、从选区中载入通道等。

8.3.1　分离和合并通道

　　可以将拼合图像的通道分离为单独的图形。此时，原文件被关闭，单个通道出现在单独的灰度图像窗口，新窗口中的标题栏显示原文件名，以及通道的缩写或全名，新图像中会保留上一次存储后的任何更改，而原图像则不保留这些更改。

步骤1： 打开素材文件。

执行"文件>打开"命令，打开随书光盘\素材\8\04.JPG素材文件。

步骤2： 选择"分离通道"命令。

打开"通道"面板，在面板右上方单击"扩展"按钮 ▼≣，再打开面板菜单，选择"分离通道"命令。

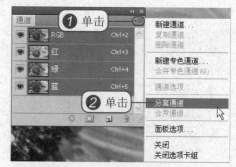

139

步骤3：通道被分离后的效果。

选择"分离通道"命令后，图像被分成三个图像，如下图所示。

步骤4："合并通道"命令。

根据上一步将图像分成三个图像后，选择任意图像，在该图像的"通道"面板中单击"扩展"按钮，在打开的面板菜单中，选择"合并通道"命令。

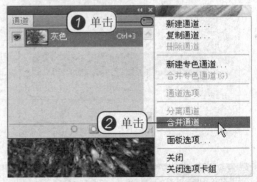

步骤5："合并通道"对话框。

单击"合并通道"后，弹出"合并通道"对话框，设置"模式"为"Lab颜色"，完成后单击"确定"按钮。

步骤6：Lab模式的图像效果。

对三个灰度图像应用"合并通道"命令后，图像效果如下图所示。

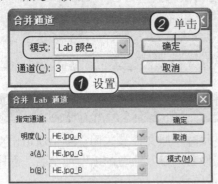

步骤7：调整"色相/饱和度"。

执行"图像>调整>/饱和度"命令，打开"色相/饱和度"对话框，设置参数值如下图所示，完成后单击"确定"按钮。

步骤8：图像效果。

对图像整体应用"色相/饱和度"命令调整后，图像色调发生变化，效果如下图所示。

▶ 补充知识

在"合并通道"对话框中通过在"模式"的下拉列表中设置不同的颜色模式进行不同效果的合并，有多通道、RGB 颜色、Lab 颜色等几种模式。

8.3.2 从选区载入通道

从选区载入通道，可以对图像选区进行各类编辑，在"通道"面板中，单击"将选区存储为通道"按钮即可将图像中设置为选区的部分制作为通道。下面对其操作方法进行介绍。

步骤1： 打开素材文件。

执行"文件>打开"命令，打开随书光盘\素材\8\05.JPG素材文件。

步骤2： 创建选区范围。

❶ 在工具箱中单击"快速选择工具"按钮。

❷ 在图像中红色裙子部分拖曳创建选区，选区效果如下图所示。

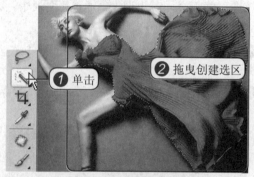

步骤3： 将选区存储为通道。

在"通道"面板中，单击"从选区存储为通道"按钮，创建Alpha1通道，如下图所示。

步骤4： 调整"色相/饱和度"。

❶ 打开"色相/饱和度"对话框，设置"色相"为-77，再单击"确定"按钮。

❷ 按快捷键Ctrl+D取消选区后，图像效果如下图所示。

▶ 补充知识

在"通道"面板中单击"将通道作为选区载入"按钮，可在当前图像上调用选择通道上的灰度值，并将其转换为选取区域；还可以按住Ctrl键的同时在需要载入选区的通道上单击，即可载入选区。

8.4 通过通道调整图像

难度水平
◆◆◆◇◇

关键字
混合、图层和通道、图像、计算

视频学习　光盘\第8章\8-4-1混合图层和通道、8-4-2用应用图像命令混合通道、8-4-3用计算命令混合通道

　　在"通道"面板的颜色通道中，每个通道代表一种颜色，可对单个的颜色通道进行调整，图像会随之发生变化。在"通道"中可以应用"计算"、"图层命令"等来设置不同的图像效果。

8.4.1　混合图层和通道

　　通道的另一种功能就是通过图层蒙版来控制图层的显示范围，因为建立图层蒙版时，该图层蒙版会同时出现在"通道"面板中，这即可以证明通道和蒙版实际上是"近亲"关系。

步骤1： 打开素材文件。

❶ 执行"文件>打开"命令，打开随书光盘\素材\8\06.JPG背景素材文件。

❷ 打开随书光盘\素材\8\07.JPG人物素材文件。

步骤2： 拖入人物素材文件。

❶ 将人物素材文件拖入背景素材文件中，在背景素材文件中创建新图层"图层1"。

❷ 在"图层"面板中单击"添加图层蒙版"按钮。为"图层1"添加图层蒙版效果。

背景素材文件　　　人物素材文件

单击

步骤3： 选择画笔工具。

在工具箱中选择"画笔工具"，设置画笔大小为300，"不透明度"为80，在工具箱中设置前景色为黑色，如下图所示。

步骤4： 在蒙版中绘制。

使用"画笔工具"在人物图像周围涂抹，使人物与背景图像融合，如下图所示。"通道"面板中出现"图层1蒙版"通道。

❶ 单击
❷ 设置

查看人物图像边缘效果

图层1蒙版

142

步骤5：复制人物图像。

按快捷键Ctrl+J复制"图层1"到新的图层"图层1副本"，按快捷键Ctrl+T打开自由变换命令，右键单击图像，在弹出的快捷菜单中选择"水平翻转"命令，如下图所示。

步骤6：图像效果。

调整"图层1副本"图像到合适位置，在"通道"面板中可看到"图层1副本蒙版"。

8.4.2　用应用图像命令混合通道

可以使用"应用图像"命令，将一个图像的图层和通道与现有图像的图层进行混合，在混合的过程中目标图像必须与源图像的像素和尺寸匹配。该命令常用于制作特殊图像合成效果，下面对其操作进行介绍。

步骤1：打开素材文件。

执行"文件>打开"命令，打开随书光盘\素材\8\8.JPG人物素材文件和9.JPG背景素材文件。

步骤2：选择渐变颜色。

在人物素材文件"通道"面板中，单击"绿"通道后，执行"图像>应用图像"命令，如下图所示。

步骤3：应用"应用图像"对话框。

根据上一步执行菜单命令后打开"应用图像"对话框，设置参数值如下图所示，完成后单击"确定"按钮。

步骤4：图像效果。

对"绿"通道应用"应用图像"命令后，完成图像效果如下图所示。

143

8.4.3　用计算命令混合通道

　　"计算"命令用于混合两个来自一个或多个源图像的单个通道，它与"应用图像"命令不同的是，使用"计算"命令混合出来的图像以黑、白、灰显示，并且通过"计算"面板中结果选项的设置，可将混合的结果新建为通道、文档或选区。

步骤1：打开素材文件。

执行"文件>打开"命令，打开随书光盘\素材\8\10.JPG素材文件。

步骤2：打开素材文件。

打开随书光盘\素材\8\11.JPG素材文件。

步骤3：打开"计算"对话框。

❶ 执行"图像>计算"命令，打开"计算"对话框，设置参数值如下图所示。

❷ 设置完成后单击"确定"按钮。

步骤4：图像效果图。

在"计算"对话框中，对9.JPG和10.JPG通道进行混合后，图像效果如下图所示。

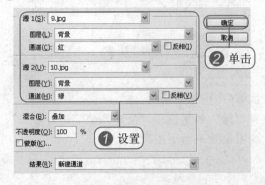

步骤5：调整亮度和对比度。

执行"图像>调整>亮度/对比度"命令，打开"亮度/对比度"对话框，设置参数值如下图所示。完成后单击"确定"按钮。

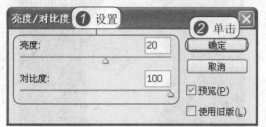

步骤6：图像效果。

对"Alpha"通道应用"亮度/对比度"调整后，完成图像效果如下图所示。

·· 知识进阶：从通道进行抠图制作个性壁纸 ··

运用通道功能制作个性壁纸效果，将原本单调的图像抠出与背景合成后，达到个性十足的图像效果，制作中对人物图像通道中的"蓝"通道复制后，加强对比度后反相操作，通过使用"画笔工具"对颜色进行绘制等，具体操作如下。

光盘	第8章 \ 从通道进行抠图制作个性壁纸

❶ 打开随书光盘\素材\8\12.JPG素材文件，在"图层"面板中，新建一个透明图层"图层1"。

❸ 打开"通道"面板，拖动"蓝"通道到"创建新通道"按钮 上，复制"蓝"通道为"蓝副本"，如下图所示。

❷ 执行"文件>打开"命令，打开随书光盘\素材\8\13.JPG素材文件。

❹ 执行"图像>调整>亮度/对比度"命令，打开"亮度/对比度"对话框，设置参数值如下图所示，完成后单击"确定"按钮。

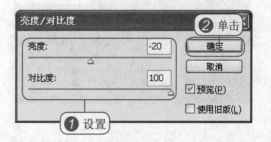

145

⑤ 对"蓝副本"通道应用"亮度/对比度"调整后，按快捷键Ctrl+I应用"反相"命令，图像效果如下图所示。

⑥ 在工具箱中设置前景色为白色后，再使用"画笔工具"，在图像中将人物全部涂抹成白色，如下图所示。

⑦ 将人物全部涂抹成白色后，在"通道"面板中，拖动"蓝副本"到面板底部的"将通道作为选区载入"按钮，再单击"RGB"通道，如下图所示。

⑧ 将图像中人物部分载入选区后，按快捷键Ctrl+C复制人物图像。

⑨ 单击01.JPG图像文件后，按快捷键Ctrl+V将上一步复制的人物图像粘贴到01.JPG文件中，创建新图层"图层1"。

⑩ 执行"图像>调整>去色"命令后，再打开"亮度/对比度"对话框，设置"对比度"为100，如下图所示，完成后单击"确定"按钮。

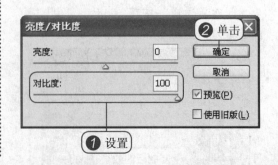

146

⑪ 执行"亮度/对比度"命令，设置"对比度"为100，单击"确定"按钮，调整后的图像效果如下图所示。

⑫ 在"图层"面板中调整"图层1"的"混合模式"为"浅色"，"不透明度"为90%，调整后的图像效果如下图所示。

⑬ 按快捷键Ctrl+J复制"图层1"到新的图层"图层1副本"，并设置"不透明度"为40%，按快捷键Ctrl+T调整图像的大小到合适位置，图像效果如下图所示。

⑭ 使用前面相同的方法复制"图层1副本"到新的图层"图层1副本2"，设置"不透明度"为20%，完成设置后图像效果如下图所示。

147

读书笔记

Chapter 9

合成图像的魔法

——蒙版的应用

要点导航

创建和编辑蒙版
应用和停用蒙版
蒙版的删除
设置蒙版的反相
设置快速蒙版选项

蒙版是 Photoshop 广泛用于图像处理的关键内容之一，使用图层蒙版可以创建出多种梦幻般的图像效果。通过对蒙版进行不同程度的设置，能够打造过渡非常细腻、逼真的图像混合效果。

本章将着重介绍蒙版的多种操作和应用，从认识不同的蒙版开始介绍，掌握多种蒙版的创建以及编辑方法，通过对蒙版进行一系列的编辑和设置，可以打造不同的选区及图像效果，并且应用蒙版还可以创造出一些特殊的纹理效果。

9.1 认识蒙版

难度水平
◆◆◆◇◇

视频学习 | 无

关键字
蒙版的分类、蒙版面板

　　蒙版主要用于对图像进行遮挡，能够快速地设置并保留复杂的图像选区，所有显示、隐藏图层的效果操作均在蒙版中进行，因此，蒙版能够保护图像的像素不被编辑，在绘制图像的过程中，有很大的制作空间。本节将具体介绍蒙版的分类以及了解蒙版面板的基础知识。

9.1.1 蒙版的分类

　　在Photoshop中有很多蒙版类型，包括图层蒙版、快速蒙版、矢量蒙版以及剪贴蒙版等，根据蒙版的特征，下面分别介绍这四类蒙版的应用。

1. 图层蒙版

　　Photoshop图层蒙版是将不同的灰度色值转化为不同的透明度，并作用到所在图层，使图层不同部位的透明度产生相应的变化，黑色为完全透明，白色为完全不透明，通过在图层中添加蒙版可以得到一些特殊效果。

2. 快速蒙版

　　快速蒙版可以将任何选区作为蒙版进行编辑，也就是可以使用Photoshop中任意工具或滤镜对蒙版进行修改。从选中区域开始，使用快速蒙版在该区域中添加或减去以创建蒙版，受保护区域或未受保护区域以不同的颜色进行区分，当离开快速蒙版模式时，未受保护区域成为选区。

3. 矢量蒙版

　　矢量蒙版是应用所绘制的路径来显示出图像效果的，在相应的图层中添加矢量蒙版后，应用钢笔工具在图像中进行绘制，就可以生成沿着路径变化的特殊形状效果。

4. 剪贴蒙版

　　剪贴蒙版的作用是在图层之间形成一种包容关系，将上一个图层的图像应用到添加剪贴蒙版的方式放置到底部的图像中，而且设置后的剪贴蒙版也可以设置图层的混合模式以及不透明度等。

提示：通过快捷键快速创建和取消剪贴蒙版

　　在图像图层上，根据下一层的图形创建剪贴蒙版时，可以按快捷键Ctrl+Alt+G为图像图层快速创建剪贴蒙版，再次按快捷键Ctrl+Alt+G即可取消创建的剪贴蒙版。

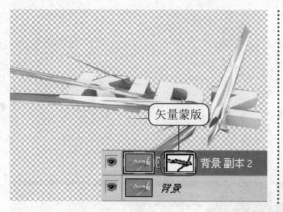

矢量蒙版

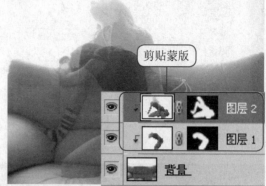

剪贴蒙版

9.1.2 了解蒙版面板

在 Photoshop CS4 中，为了方便使用蒙版，新增了蒙版面板，可以直接为选择的图层创建像素蒙版和矢量蒙版，还可以通过选项对蒙版区域进行浓度、羽化和调整等设置，下面详细介绍蒙版面板。

1. 添加像素蒙版

执行"窗口 > 蒙版"命令，打开"蒙版"面板，单击"蒙版"面板右上角的"添加像素蒙版"按钮，即可为当前图层创建一个像素蒙版。

2. 添加矢量蒙版

❶ 单击"添加矢量蒙版"按钮，即可在选中图层上创建一个矢量蒙版。

❷ 在"图层"面板中即可查看到添加的矢量蒙版效果。

矢量蒙版 ❶ 单击

❷ 添加的矢量蒙版

3. 设置浓度

设置浓度值的大小可以调整蒙版的应用深度，默认参数为 100%，参数值的大小与蒙版应用深度成正比，当参数为 0% 时，蒙版效果即可被完全隐藏。

4. 设置羽化

通过对羽化选项参数的设置，可以调整蒙版边缘的羽化效果，设置的参数越大，蒙版边缘模糊区域就越大，即羽化区域就越大。

151

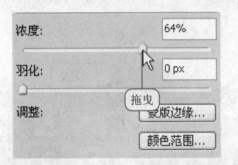

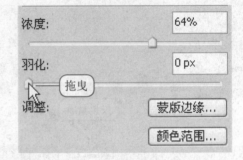

9.2 蒙版面板的基本操作

难度水平
◆◆◇◇◇

关键字
创建、编辑、应用、停用、删除

视频学习　光盘\第9章\9-2-1创建和编辑蒙版、9-2-2应用和停用蒙版、9-2-3蒙版的删除

"蒙版"面板是Photoshop CS4新增的一个面板,方便对蒙版直接进行编辑。在"蒙版"面板中,可以快速地为图层创建蒙版,并且可以快速地编辑、应用、停用以及删除蒙版等。下面分别介绍蒙版面板的各项基本操作。

9.2.1 创建和编辑蒙版

通过蒙版面板可以直接创建图层蒙版或矢量蒙版,单击"蒙版"面板中的"添加像素蒙版"按钮或"添加矢量蒙版"按钮即可创建需要的蒙版,创建蒙版后,可以使用"画笔工具"对蒙版进行编辑。下面具体介绍创建和编辑蒙版的操作步骤。

步骤1:执行菜单命令。

执行"文件>打开"命令,打开随书光盘\素材\9\01.JPG素材文件。

原始素材图像

步骤3:复制图像。

对02.JPG文件中的图像按快捷键Ctrl+C复制图像,然后切换到01.JPG文件中,按快捷键Ctrl+V,粘贴图像后生成"图层1"。

步骤2:打开素材文件。

打开随书光盘\素材\9\02.JPG素材文件。

原始素材图像

步骤4:添加蒙版。

单击"蒙版"面板中的"添加像素蒙版"按钮，为"图层1"创建一个图层蒙版。

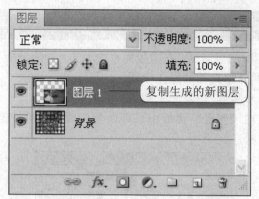

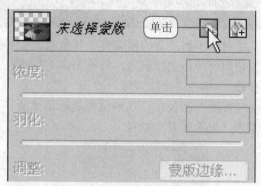

步骤5： 编辑蒙版。

选择"画笔工具"，设置画笔大小为100像素，前景色为黑色，然后在图像中吉他以外的区域进行涂抹，显示下面图层中的图像。

步骤6： 查看最终效果。

按快捷键Ctrl++放大图像，继续使用"画笔工具"对图像进行绘制，将吉他与背景图像合为一个整体，最终效果如下图所示。

9.2.2 应用和停用蒙版

当确认效果不再更改时，为了方便后面的操作，可以对蒙版进行应用。而停用蒙版则可以查看添加蒙版之前的图层效果，通过图层蒙版中的眼睛图标可以轻松实现。下面分别对蒙版的应用和停用进行介绍。

1. 应用蒙版

在"蒙版"面板中，单击"应用蒙版"按钮，即可将蒙版与图层中的图像合并，在"图层"面板中可以看到合并后的效果。

2. 停用蒙版

在"蒙版"面板中，单击"停用/启用蒙版"按钮，即可将蒙版暂时隐藏，在蒙版缩略图中出现一个红色的叉。

153

9.2.3 蒙版的删除

对于不再需要的蒙版可将其删除，选择要删除的蒙版后，在蒙版面板中单击"删除蒙版"按钮即可将该蒙版删除，对原图像无影响，下面介绍具体的操作步骤。

步骤1：单击"删除蒙版"按钮。

在"蒙版"面板中，选中需要删除的蒙版，单击"删除蒙版"按钮。

步骤2：查看删除蒙版后的效果。

在"图层"面板中，可以看到图层蒙版被删除了。

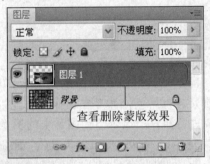

查看删除蒙版效果

9.3 蒙版的进一步设置

9.3

难度水平

◆◆◇◇◇

关键字

蒙版边　、颜色范围、蒙版反相

视频学习　光盘\第9章\9-3-1编辑蒙版边　、9-3-2从颜色范围设置蒙版、9-3-3设置蒙版的反相

图层蒙版在Photoshop中是常用的蒙版，在制作特殊合成图像中经常会用到，在新增的蒙版面板中还为图层蒙版的设置提供了多个命令，以便更好地对图层蒙版进行应用。下面具体介绍蒙版的进一步设置。

9.3.1 编辑蒙版边缘

单击"蒙版"面板中的"调整边缘"按钮，打开"调整蒙版"对话框，设置对话框中的各项参数即可将蒙版边缘调整到需要的理想效果。下面介绍编辑蒙版边缘的具体操作。

步骤1：打开素材文件。

执行"文件>打开"命令，打开随书光盘\素材\9\03.JPG素材文件。

原始素材图像

步骤2：创建图层蒙版。

❶ 在"蒙版"面板中，单击"添加像素蒙版"按钮，添加一个图层蒙版。

❷ 在"图层"面板中可以看到创建的图层蒙版。

❶ 单击

❷ 创建的图层蒙版效果

步骤3： 隐藏不需要的图像部分。

选择"画笔工具"，设置合适的画笔大小，将前景色设置为黑色，在图像中进行绘制。

拖曳

步骤5： 设置"调整蒙版"的各项参数。

❶ 在对话框中设置蒙版边　的半径、对比度、羽化以及收缩/扩展等选项。

❷ 设置完成后单击"确定"按钮。

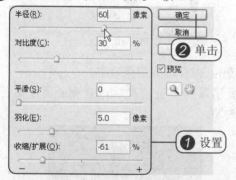

半径(R)　60　像素
对比度(C)　30　%
平滑(S)　0
羽化(E)　5.0　像素
收缩/扩展(O)　-61　%

确定
取消
❷ 单击
☑ 预览

❶ 设置

步骤4： 打开"调整蒙版"对话框。

打开"蒙版"面板，单击"调整边　"按钮，打开"调整蒙版"对话框。

浓度：　100%
羽化：　0 px
调整：　单击　蒙版边缘...
　　　颜色范围...
　　　反相

步骤6： 查看编辑蒙版边缘效果。

调整蒙版边　选项参数后，可以看到图像边去除了多余的图像，边　变得平滑。

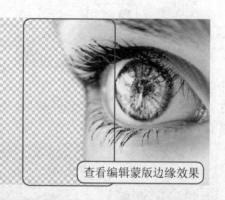

查看编辑蒙版边缘效果

155

9.3.2　从颜色范围设置蒙版

　　通过蒙版面板中的颜色范围命令，可以选择图像中的色彩进行蒙版的隐藏和显示，为图层创建蒙版后，在面板中单击"颜色范围"按钮，通过打开的"色彩范围"对话框对蒙版进行调整。下面介绍具体的操作步骤。

步骤1： 打开素材文件。

打开随书光盘\素材\9\04.JPG素材文件，再打开随书光盘\素材\9\05.JPG素材文件。

原始素材图像

步骤2： 复制素材图像。

将05.JPG文件中的图像复制到04.JPG文件中，并调整图像到合适大小。

查看编辑图像大小效果

步骤3：添加图层蒙版。

❶ 在"蒙版"面板中，单击"添加像素蒙版"按钮，添加一个图层蒙版。

❷ 单击"颜色范围"按钮，打开"色彩调整"对话框。

步骤4：设置色彩范围。

❶ 在对话框中，单击"添加到取样"按钮 ✎。

❷ 设置"颜色容差"为100。

❸ 在图像中的人物脸部和头发位置单击进行颜色取样，将人物全部选中。

❹ 设置色彩范围后，单击"确定"按钮。

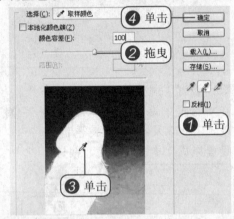

步骤5：设置图层的不透明度。

在"图层"面板中，将"图层1"的不透明度设置为40%。

步骤6：查看最终图像效果。

设置图层的不透明度后，查看画面中的图像效果。

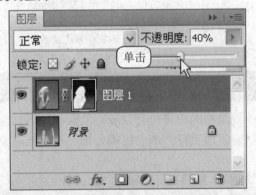

> **提示：通过快捷键快速设置画笔的直径**
>
> 　　单击"蒙版"面板中的"颜色范围"按钮，打开的"色彩范围"对话框中的选项与执行"选择>色彩范围"命令打开的对话框中的选项相同，不同的是前者是用来设置蒙版的，后者是用来设置图像选区范围的。

9.3.3　设置蒙版的反相

　　通过蒙版面板中的反相命令可以将设置的蒙版效果进行反转，即将原来的显示区域反转为隐藏区域，之前隐藏的区域被显示出来，下面介绍具体的操作步骤。

步骤1：打开文件创建图层蒙版。

打开随书光盘\素材\9\06.JPG、07.JPG素材文件，将07.JPG素材文件复制到06.JPG图像中。在"图层"面板中，单击"添加图层蒙版"按钮 ，为"图层1"添加图层蒙版。

步骤2：涂抹人物图像。

选择"画笔工具"，设置前景色为黑色，然后在图像中人物图像以外的区域进行绘制，将"背景"图层中的图像显示出来。

步骤3：设置蒙版边缘选项。

❶ 打开"蒙版"面板，单击"蒙版边 "按钮，在打开的"调整蒙版"对话框中，设置蒙版边 的半径、对比度、平滑、羽化以及收缩/扩展等选项。

❷ 设置完成后单击"确定"按钮。

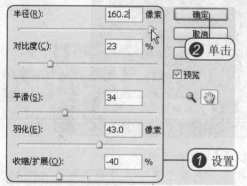

步骤4：查看编辑蒙版边缘效果。

在页面中可以看到人物图像边 变得平滑，并且对比更加清晰。

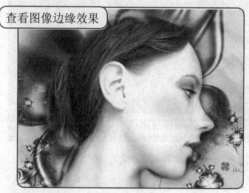

查看图像边缘效果

步骤5：单击反相按钮。

在"蒙版"面板中，单击"反相"按钮，将图层蒙版进行反转。

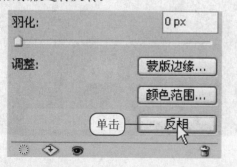

步骤6：查看反转图像效果。

单击"反相"按钮后，可以查看人物图像被隐藏，而显示出之前隐藏的部分图像。

查看反转图像效果

9.4 快速蒙版

关键字
创建选区、快速蒙版

视频学习　光盘\第9章\9-4-1通过临时蒙版创建选区、9-4-2设置快速蒙版选项

快速蒙版可以将任何选区作为蒙版进行编辑，不需要使用通道面板，也可以直接查看图像效果，单击工具箱中的"以快速蒙版模式编辑"按钮即可进入快速蒙版编辑模式，此时图层以灰色显示，即表示可以对蒙版进行编辑。下面详细介绍快速蒙版的应用。

9.4.1　通过临时蒙版创建选区

应用快速蒙版创建选区，可以直接将涂抹的区域创建为选区，相比其他选取选区工具来说，应用快速蒙版创建选区简单快捷。下面介绍通过临时蒙版创建选区的具体操作步骤。

步骤1：打开素材文件。

打开随书光盘\素材\9\08.JPG、09.JPG素材文件。

步骤2：复制图像。

将09.JPG图像复制到08.JPG图像中，复制"背景"图层，生成"背景副本"图层，为"背景"图层填充前景色为黑色。

原始素材图像

图层1
背景 副本
背景
查看复制的图像效果

步骤3：进入快速蒙版编辑模式。

单击工具箱下方的"以快速蒙版模式编辑"按钮，进入快速蒙版编辑模式。

步骤4：选择工具。

选择"画笔工具"，设置画笔大小为100像素，然后在人物图像上进行涂抹。

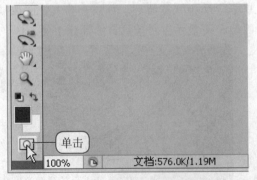

单击

100%　　　文档:576.0K/1.19M

涂抹

查看绘制的图像范围

步骤5：进入标准编辑模式。

单击"以标准模式编辑"按钮，即可将选择的区域创建为选区。

查看绘制的图像范围

步骤6：执行菜单命令。

执行"图层>图层蒙版>显示选区"命令，即可将选区以外的图像都隐藏，只显示选区内图像。

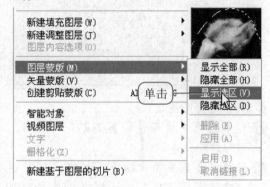

步骤7：设置图层的混合模式。

打开"图层"面板，将"图层1"和"背景副本"的图层混合模式都设置为"滤色"，不透明度设置为80%。

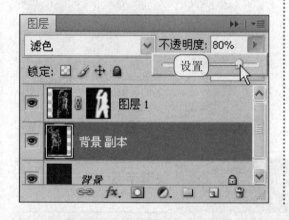

步骤8：调整图像位置。

使用"移动工具"分别调整"图层1"和"背景副本"中的图像到合适的位置，在页面中可以看到图像的最终效果。

查看调整位置后的图像效果

9.4.2　设置快速蒙版选项

在"快速蒙版选项"对话框中可对快速蒙版进行设置，双击工具箱中的"以快速蒙版模式编辑"按钮，即可打开"快速蒙版选项"对话框，可以根据需要更改色彩指示区域、蒙版区域颜色等。下面介绍设置快速蒙版选项的具体操作。

步骤1：打开快速蒙版选项对话框。

打开随书光盘\素材\9\10.JPG素材文件，双击工具箱下方的"以快速蒙版模式编辑"按钮 ⬚，打开"快速蒙版选项"对话框。

步骤2：对快速蒙版进行设置。

❶ 在对话框中"色彩指示"选项区内，选择其中一个选项。

❷ 设置"颜色"的不透明度为70%。

❸ 单击"颜色"选项下的颜色色标，打开"选择快速蒙版颜色"对话框。

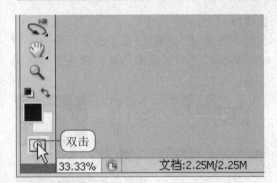

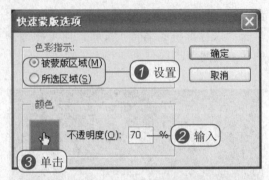

步骤3：选择颜色。

❶ 在对话框中将颜色设置为R202、G36、B192的粉红色。

❷ 设置完成后单击"确定"按钮，返回到"快速蒙版选项"对话框中，单击"确定"按钮。

步骤4：应用设置的快速蒙版。

根据上一步设置的快速蒙版模式编辑图像，应用"画笔工具"在图像中单击，绘制出的蒙版区域均为粉红色显示。

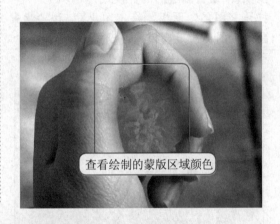

查看绘制的蒙版区域颜色

9.5 剪贴蒙版

难度水平
◆◆◆◇◇

关键字
剪贴蒙版、应用

视频学习 ┃ 光盘\第9章\9-5-1制作剪贴蒙版、9-5-2剪贴蒙版的应用

剪贴蒙版是通过使用处于下方图层的形状来限制上方图层的显示状态，达到一种剪贴画的效果。剪贴蒙版至少需要两个图层才能创建，位于最下面的一个图层叫做基底图层，位于其上的图层叫做剪贴层，基底图层只能有一个，剪贴层可以有若干个。下面介绍剪贴蒙版的创建和使用。

9.5.1 制作剪贴蒙版

创建剪贴蒙版的方法有两种，一种是直接在图层面板中应用命令创建，另一种是通过图层面板的快捷菜单中的相关命令进行创建。下面介绍在图层面板中创建剪贴蒙版的方法。

160

步骤1：打开素材文件。

打开随书光盘\素材\9\11.PSD素材文件，再打开随书光盘\素材\9\12.JPG素材文件。

原始素材图像

步骤2：复制图层。

将12.JPG图像复制到11.PSD文件中，按快捷键Ctrl+J复制"图层3"，得到"图层3副本"图层。

复制图层

步骤3：设置不透明度。

在"图层"面板中，选中"图层3副本"图层，然后设置其不透明度为47%。

拖曳

步骤4：创建剪贴蒙版。

❶单击"图层3"。

❷按Alt键的同时单击"图层3"和"图层2"之间的交接处。

❶单击
❷按Alt键的同时单击

步骤5：查看创建的剪贴蒙版。

在"图层"面板中可以看到创建的剪贴蒙版效果。

创建的剪贴蒙版

步骤6：查看图像效果。

在画面中，查看创建剪贴蒙版后的图像效果。

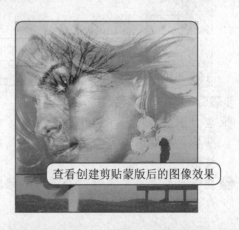
查看创建剪贴蒙版后的图像效果

161

9.5.2 剪贴蒙版的应用

创建剪贴蒙版后，可以对图层的混合模式、不透明度或图层样式等进行调整，在编辑完成后，执行菜单命令还可以将剪贴蒙版进行合并或释放，下面介绍具体的操作步骤。

步骤1：设置图层混合模式。

打开9.5.1节中的素材文件，在"图层"面板中，设置"图层3副本"图层的混合模式为"柔光"，不透明度为100%。

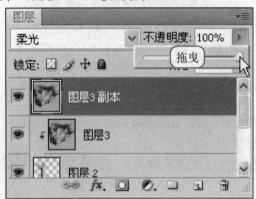

步骤3：添加图层样式。

❶ 选中"图层3"，单击"添加图层样式"按钮 _fx.._。

❷ 在弹出的菜单中，选择"图案叠加"命令，打开"图层样式"对话框。

步骤5：合并剪贴蒙版。

❶ 在"图层"面板中，选择剪贴蒙版中的基层"图层2"，单击面板右上方的扩展按钮。

❷ 在弹出的菜单中执行"合并剪贴蒙版"命令。

步骤2：查看设置混合模式的图像效果。

在页面中可以看到图像设置了图层混合模式后的效果。

步骤4：设置图层样式选项。

❶ 在对话框中的"图案叠加"选项卡中，设置不透明度为80%。

❷ 单击"图案"后的下三角按钮，打开"图案拾色器"。

❸ 在"图案拾色器"中选择需要的图案样式。

❹ 设置完成后，单击"确定"按钮。

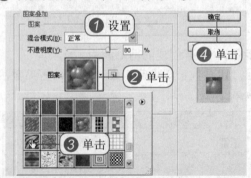

步骤6：查看最终图像效果。

在"图层"面板中可看到已经将剪贴蒙版合并为一个图层，即"图层2"，在页面中可以看到图像的最终效果。

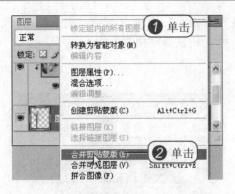

查看图像效果

知识进阶：通过编辑蒙版制作合成图像

突出应用图层蒙版知识，通过创建图层蒙版的方式制作背景图像，将花纹等素材通过添加蒙版并编辑的方法制作成融合的图像，然后通过颜色范围将人物图像抠出，再对人物周围进行装饰，应用画笔工具在蒙版中编辑，制作出淡淡的图像效果。

光盘	第9章\通过编辑蒙版制作合成图像

❶ 打开随书光盘\素材\9\12.JPG素材文件，在"图层"面板中，复制一个"背景"图层。

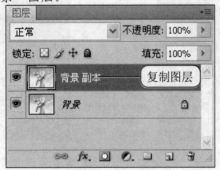

❷ 使用"移动工具"将"背景副本"图层中的图像位置做适当调整。

查看调整位置后的图像效果

163

❸ 打开"图层"面板，单击"添加图层蒙版"按钮，然后选择"画笔工具"，在"背景副本"图层蒙版中使用前景色黑色对图像的边　进行涂抹，淡化边图像。

涂抹图像边缘

❹ 打开随书光盘\素材\9\13.JPG素材文件，将图像调整到合适的位置，选择"渐变工具"，设置由黑到白的线性渐变，并在图像中拖曳设置渐变角度。

❷ 拖曳　❶ 设置

❺ 选择"画笔工具"，将画笔大小设置为200像素，设置前景色为黑色，然后在图层蒙版中进行绘制，将图像边 多余部分隐藏。

涂抹

❻ 在"图层"面板中，将"图层1"的混合模式设置为"明度"。

❼ 查看设置了图层混合模式后的图像效果。

查看图像效果

❽ 打开随书光盘\素材\9\14.JPG素材文件，按快捷键Ctrl+T，在变换编辑框内的任意位置右击，在弹出的快捷菜单中选择"旋转180度"命令，即可将图像旋转180度，然后按Enter键确认变换。

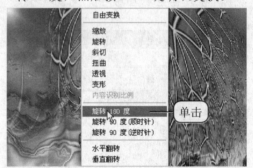

单击

❾ 将图像调整到合适的位置，在"图层"面板中，单击下方的"添加图层蒙版"按钮，为"图层2"创建图层蒙版。

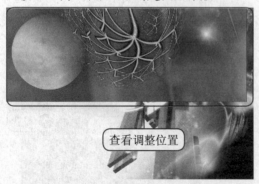

查看调整位置

❿ 选择"渐变工具"，设置渐变选项后在图像中单击并拖曳设置渐变角度。

拖曳

⑪ 选择"画笔工具"，在图层蒙版中进行绘制，将图像边　多余图像隐藏。

涂抹

⑫ 在"图层"面板中，将"图层2"的不透明度设置为50%。

查看完成上色效果

正常　　　　　　　不透明度: 50%

⑬ 打开随书光盘\素材\9\15.JPG素材文件，将图像复制到背景图像中，打开"蒙版"面板，单击"添加像素蒙版"按钮，为"图层3"创建一个图层蒙版，再单击"颜色范围"按钮，打开"色彩范围"对话框。

蒙版

像素蒙　　① 单击

浓度:　　　　　　100%

羽化:　　　　　　0 px

调整　　　　　蒙版边缘...

　　　　　　　颜色范围...　② 单击

　　　　　　　反相

⑭ 在对话框中设置"颜色容差"为200，单击"添加到取样"按钮，然后在图像中单击取样，设置完成后单击"确定"按钮。

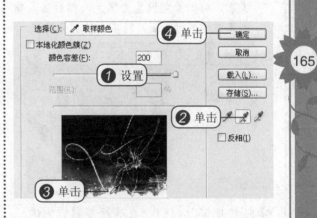

选择(C):　　取样颜色　　　④ 单击　　确定

☐ 本地化颜色簇(Z)　　　　　　　取消

颜色容差(F):　　　200　① 设置　　载入(L)...

范围(R):　　　　　%　　　　　　存储(S)...

　　　　　　　　　　　② 单击

③ 单击　　　　　　　　　　☐ 反相(I)

⑮ 选择"画笔工具"，将画笔大小设置为28像素，设置前景色为黑色，然后在图像中进行绘制，将多余的线条隐藏。

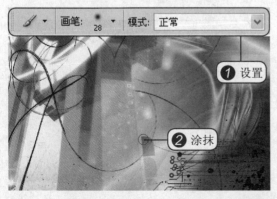

画笔: 28　　模式: 正常

① 设置

② 涂抹

⑯ 在"图层"面板中，将"图层3"的混合模式设置为"柔光"。

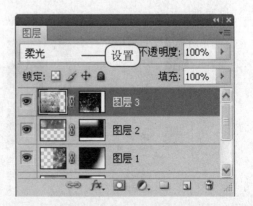

图层

柔光　　　　　设置　不透明度: 100%

锁定: ☐ ✓ ✚ ⚿　　　填充: 100%

👁　　　　　　　　　图层 3

👁　　　　　　　　　图层 2

👁　　　　　　　　　图层 1

165

⑰ 打开随书光盘\素材\9\16.JPG素材文件，将图像复制到背景图像中，打开"蒙版"面板，单击"添加像素蒙版"按钮，为"图层4"创建一个图层蒙版，再单击"颜色范围"按钮，打开"色彩范围"对话框。

⑱ 在对话框中设置"颜色容差"为200，单击"添加到取样"按钮，然后在图像中单击取样，设置完成后单击"确定"按钮。

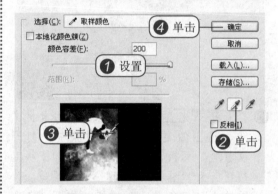

⑲ 选择"画笔工具"，将画笔大小设置为50像素，将前景色设置为黑色，然后在人物图像周围进行绘制，将多余的部分隐藏。

⑳ 在"图层"面板中，将"图层4"的混合模式设置为"强光"。

㉑ 按快捷键Ctrl+T，在变换编辑框内的任意位置右击，在弹出的快捷菜单中选择"旋转90度（逆时针）"命令，即可将图像逆时针旋转90度，然后按Enter键确认变换。

㉒ 在画面中，将人物图像移动到合适的位置，查看整体的图像效果，完成本实例的制作。

Chapter 10

多姿多彩的图像处理

——滤镜的应用

要点导航

合成玻璃特效
合成镜头光晕效果
合成照片的纹理效果
制作动感图像效果
制作布纹肌理效果
制作梦幻图像效果

Photoshop 中最重要的图像处理操作之一就是使用滤镜对图像进行艺术化效果的设置。Photoshop CS4 提供了 100 多种滤镜，包括 5 种独立特殊滤镜和 14 种效果滤镜，具有十分强大的功能。

本章先介绍滤镜库的操作，再分别详细描述多类滤镜的概念以及在应用滤镜时的规则和技巧，使用户能够熟练应用滤镜制作各种效果的图像。

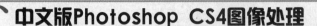

10.1 滤镜库的操作

关键字
查看、创建、删除效果图层

视频学习 光盘\第10章\10-1-2创建效果图层、10-1-3删除效果图层

难度水平
◆◆◆◇◇

滤镜库中集成了多种滤镜，在滤镜库对话框中可以积累应用多个滤镜，也可以重复应用单个滤镜，还可以重新排列滤镜并更改应用的每个滤镜的设置。本节将对滤镜库的操作进行讲解。

10.1.1 查看图像效果

打开滤镜库对话框后，在对话框左侧预览框中显示打开的图像效果，在对话框中可以设置多种滤镜，制作特殊的效果，并可通过左侧的图像预览区域预览滤镜效果，具体的操作步骤如下。

步骤1： 打开素材文件。

执行"文件>打开"命令，打开随书光盘\素材\10\01.JPG素材文件。

步骤2： 执行菜单命令。

执行"滤镜>滤镜库"命令。

原始素材图像

步骤3： 查看图像效果。

在打开的"滤镜库"对话框中，可以看到左侧的图像效果预览区域，以100%的缩放形式显示素材图像，右侧中间部分为滤镜命令选择区域，通过滤镜选项中的图标，可以选择其他的滤镜效果。

图像预览效果

提示： 使用按钮调整缩放

在设置缩放比例的下拉列表前有"-"和"+"两个按钮，单击"-"可以将图像按一定的缩放比例缩小，而单击"+"可以将图像按一定比例放大。

10.1.2　创建效果图层

在滤镜库中，用户可以根据需要对图像应用多个滤镜效果，在"滤镜库"对话框中，单击对话框右下角的"新建效果图层"按钮，可创建多个滤镜效果图层，下面介绍具体的操作步骤。

步骤1：选择添加滤镜。

❶ 打开10.1.1节中的素材文件，在"滤镜库"对话框中的滤镜项中单击"素描"滤镜组，单击左侧的三角按钮。

❷ 单击"影印"滤镜图标，即可在左侧的预览区域中查看到图像应用滤镜的效果。

步骤2：新建效果图层。

在"滤镜库"对话框中，可以看到创建了一个"影印"效果图层，再单击下方的"新建效果图层"按钮，即可新建一个同样为"影印"的效果图层。

步骤3：设置其他效果。

❶ 在滤镜项中选择"素描"滤镜组，单击左边的三角按钮。

❷ 单击"撕边"滤镜图标，为新建的效果图层设置"撕边"滤镜。

步骤4：查看效果图层。

在"滤镜库"对话框中，可以查看添加的两个滤镜效果分别为"撕边"和"影印"。

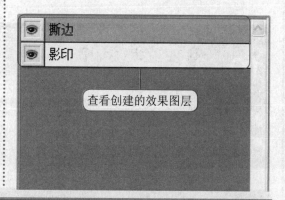

提示：效果图层的顺序

在创建的效果图层中，根据添加滤镜的顺序，设置的效果图层从下往上对图像添加滤镜效果。在效果图层中，还可以通过拖曳效果图层的顺序改变添加滤镜的先后次序。调整效果图层的方法与调整图层面板中图层的方法类似。

10.1.3　删除效果图层

在添加的滤镜效果图层中，可以将一个或多个滤镜效果图层删除，删除的方法与在图层面板中删除图层的方法类似，下面介绍具体的操作步骤。

步骤1： 选中需要删除的效果图层。

打开10.1.2节中的素材文件，在"滤镜库"对话框中，选中效果图层中需要删除的"影印"滤镜效果。

步骤2： 单击删除效果图层按钮。

在效果图层的下方，单击"删除效果图层"按钮。

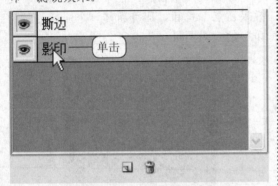

步骤3： 查看效果图层。

在效果图层中，可以看到已经将"影印"滤镜效果删除了，保留"撕边"效果图层。

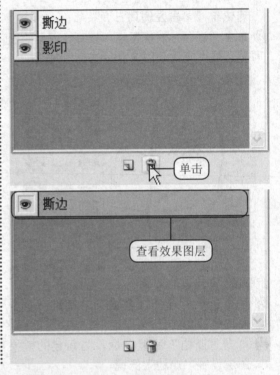

10.2　独立滤镜的使用

关键字
液化、消失点

视频学习　光盘\第10章\10-2-1液化、10-2-2消失点

难度水平
◆◆◆◇◇

在Photoshop CS4中，"液化"滤镜和"消失点"滤镜是两个独立滤镜，这两个独立滤镜具有奇特的功效，可以制作出不一样的图像效果，直接选择菜单命令可以将独立的滤镜打开，然后在打开的对话框中进行设置即可。

10.2.1　液化

液化滤镜可用于推、拉、旋转、反射、折叠和膨胀图像的任意区域，液化滤镜既可以对图像做细微的扭曲变化，也可以对图像进行剧烈的变化，这就使滤镜液化成为修饰图像和创建艺术效果的强大工具。下面介绍应用滤镜液化的具体操作步骤。

步骤1：打开素材文件。

打开随书光盘\素材\10\02.JPG素材文件。

步骤2：执行滤镜命令。

执行"滤镜>液化"菜单命令，打开"液化"对话框，单击"顺时针旋转扭曲工具"按钮，设置画笔大小、画笔密度、画笔压力、画笔速率分别为150、50、70、60。

原始素材图像

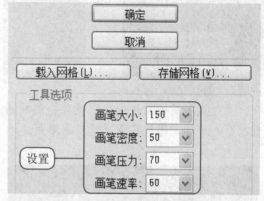

步骤3：扭曲图像。

使用"顺时针旋转扭曲工具"在烟雾图像中进行细致涂抹。

步骤4：查看图像效果。

在对话框中编辑好图像后，单击"确定"按钮，查看图像应用了滤镜后的效果如下图所示。

涂抹

查看应用滤镜图像效果

10.2.2 消失点

消失点滤镜用于在包含透视平面的图像中进行透视校正编辑，通过使用消失点滤镜可以在图像中指定平面，然后应用诸如绘画、仿制、复制或粘贴以及变换等编辑操作。下面介绍具体的操作步骤。

步骤1：打开多张素材文件。

将随书光盘\素材\10\03.JPG、04.JPG两个素材文件同时打开，在04.JPG文件中，按快捷键Ctrl+A全选图像，再按快捷键Ctrl+C复制图像。

步骤2：执行菜单命令。

切换到03.JPG文件中，执行"滤镜>消失点"命令，打开"消失点"对话框，选择"创建平面工具"，在平面中单击，设置变形平面。

复制图像效果

原始素材图像效果

单击

步骤3：调整变形平面。

在"消失点"滤镜对话框中，调整绘制的透视平面的形状，将其贴合至建筑物侧面。

步骤4：复制图像。

❶ 按快捷键Ctrl+V将复制的图像粘贴在"消失点"对话框中，并调整图像大小。

❷ 可以看到粘贴的图像边　以选区显示。

单击并拖曳

❶ 拖曳

❷ 查看复制的图像

步骤5：拖曳图像调整位置。

将04.JPG图像调整合适大小后拖曳到绘制的透视平面中，调整图像在透视平面中的显示位置。

步骤6：查看图像效果。

设置好后，单击"确定"按钮，即可应用"消失点"滤镜效果，在页面中可以查看到人物图像以透视效果添加到建筑物中。

单击并拖曳

查看应用滤镜效果

▶ **补充知识**

　　使用消失点滤镜可以在创建图像选区内进行复制、喷绘、粘贴图像等操作。在进行这些操作时会自动应用透视原理，按照透视的比例和角度自动计算，自动适应对图像的修改。

172

10.3 滤镜分类效果应用

难度水平
◆◆◆◆◇

关键字
模糊、扭曲、锐化、像素

在分类的滤镜中共包括13个滤镜组，分别为风格化、画笔描边、模糊、扭曲、锐化、视频、素描、纹理、像素化、渲染、艺术效果、杂色和其他滤镜，本节将对这些滤镜组进行详细讲解。

10.3.1 风格化类滤镜

风格化滤镜能够在图像上应用质感或亮度，使图像在样式上产生变化，执行"滤镜 > 风格化"命令，在其子菜单中可设置不同的图像效果。

1. 原始图像

打开随书光盘 \ 素材 \10\05.JPG 素材文件。

原始素材图像

3. 等高线

"等高线"滤镜可拉长图像的边线部分，找到颜色边线，用阴影颜色表现，其他部分用白色表现。

设置等高线滤镜效果

2. 查找边缘

"查找边缘"滤镜可以找出图像的边线，用深色表现出来，当图像边线部分的颜色变化较大时，可使用粗轮廓线，反之则使用细轮廓线。

设置查找边缘滤镜效果

4. 风

选择"风"滤镜可以在图像上设置犹如被风吹过的效果，可以选择"风"、"大风"、"飓风"效果。

设置风滤镜效果

提示：重复使用滤镜

执行滤镜命令后，应用最后一次执行滤镜的效果，如果效果不明显或要将此滤镜效果应用于其他图层中，可以按快捷键Ctrl+F快速应用滤镜效果，可以重复使用。

5. 浮雕效果

使用"浮雕效果"滤镜可以在图像上应用明暗来表现浮雕效果，图像的边缘部分显示颜色，呈现立体感。

设置浮雕效果滤镜

6. 扩散

"扩散"滤镜可将图像的像素扩散显示，设置图像绘画溶解的艺术效果。

设置扩散滤镜效果

7. 拼贴

"拼贴"滤镜可将图像分割成有规则的方块，从而将图像处理为马赛克瓷砖形态。可以通过"拼贴"对话框中的"拼贴数"和"最大位移"来设置马赛克的效果。

设置拼贴滤镜效果

8. 曝光过度

"曝光过度"滤镜可将图像整片和负片混合，再翻转图像的高光部分，从而产生摄影中的曝光过度效果。

设置曝光过度滤镜效果

9. 凸出

应用"凸出"滤镜可产生三维的立体效果，使像素挤压出许多正方形或三角形，从而将图像转换为三维立体图或锥形，产生三维背景效果。

设置凸出滤镜效果

10. 照亮边缘

"照亮边缘"滤镜可以描绘图像的轮廓，调整轮廓的亮度、宽度等，设置出类似霓虹灯的发光效果。

设置照亮边缘滤镜效果

174

10.3.2　画笔描边类滤镜

画笔描边类滤镜主要通过模拟不同的画笔或油墨笔来勾绘图像，产生绘画效果。在画笔描边滤镜的子菜单下有8种画笔滤镜，下面分别介绍不同的滤镜效果。

1. 原图

打开随书光盘 \ 素材 \10\06.JPG 素材文件。

原始素材图像

3. 墨水轮廓

使用"墨水轮廓"滤镜可在图像的轮廓上制作出钢笔勾画的效果。

设置墨水轮廓滤镜效果

5. 强化的边缘

"强化的边缘"滤镜可以强调图像边缘，在图像的边缘部分进行绘制，即可形成对比强烈的颜色。

2. 成角的线条

"成角的线条"滤镜可根据一定方向的画笔表现油画效果，设置成对角线角度的图像绘画效果。

设置成角的线条滤镜效果

4. 喷溅

使用"喷溅"滤镜可以设置喷枪在图像中进行喷涂的效果，并且通过设置"喷色半径"和"平滑度"的参数值，还可以产生不同的效果。

设置喷溅滤镜效果

6. 深色线条

"深色线条"滤镜可以使图像产生一种很强烈的黑色阴影，利用图像的阴影设置不同的画笔长度，阴影用短线条表示，高光用长线条表示。

▶ 你问我答

问：如何控制滤镜效果的显隐？

答：可以执行"图像>渐隐"命令，设置图像的不透明度值，还可以改变图像的混合模式，在单击"确定"按钮之前，可以对设置的滤镜效果显隐程度进行自由的控制。

设置强化的边缘滤镜效果

设置深色线条滤镜效果

10.3.3 模糊类滤镜

模糊滤镜组可以对图像进行柔和处理，可以将图像像素的边线设置为模糊状态，在图像上表现出速度感或晃动的感觉。使用选择工具选择特殊图像以外的区域，应用模糊效果，可以强调要突出的图像。下面介绍模糊滤镜组中的多种效果。

1. 原图

打开随书光盘 \ 素材 \10\07.JPG 素材文件。

2. 表面模糊

"表面模糊"滤镜是 Photoshop CS4 中新增的一个滤镜，可将图像表面设置出模糊效果。

原始素材图像

设置表面模糊滤镜效果

3. 动感模糊

模拟摄像运动物体时间接曝光的功能，从而使图像产生动态效果。

4. 方框模糊

将选中区域的图像以小方块的形式进行模糊，参数越大，模糊强度越大。

设置动感模糊滤镜效果

设置方框模糊滤镜效果

5. 高斯模糊

"高斯模糊"滤镜是最常使用的一种模糊滤镜，能通过数值对模糊的强度进行精确的设置。

设置高斯模糊滤镜效果

6. 进一步模糊

通过"进一步模糊"滤镜可对图像做强烈的柔化处理，多次应用可使模糊强度更大。

设置进一步模糊滤镜效果

7. 径向模糊

"径向模糊"滤镜能够模拟摄像时旋转相机的聚焦、变焦效果，从而使图像以基准点为中心旋转或放大图像。

设置径向模糊滤镜效果

8. 镜头模糊

"镜头模糊"滤镜能够将图像处理为与相机镜头类似的模糊效果，并且可以设置不同的焦点位置。

设置镜头模糊滤镜效果

9. 特殊模糊

"特殊模糊"滤镜可以设置图像按一定角度模糊的效果，可以增强图像的运动感。

设置特殊模糊滤镜效果

10. 形状模糊

"形状模糊"滤镜不能应用于图像中的所有位置，根据设置不同的色彩范围为图像添加模糊效果。

设置形状模糊滤镜效果

177

10.3.4 扭曲类滤镜

扭曲类滤镜可以对图像进行移动、扩展或收缩来设置图像的像素，对图像进行各种形态的变换，如波浪、波纹、玻璃等形态。下面分别介绍扭曲类滤镜的各种形态效果。

1. 原图

打开随书光盘 \ 素材 \10\08.JPG 素材文件。

原始素材图像

2. 波浪

使用"波浪"滤镜可使图像产生强烈波纹起伏的波浪效果。

设置波浪滤镜效果

3. 波纹

与"波浪"滤镜相似，"波纹"滤镜同样可以使图像产生波纹起伏的效果，区别在于"波纹"滤镜效果较柔和。

设置波纹滤镜效果

4. 玻璃

"玻璃"滤镜可以使图像产生透过具有质感的玻璃的效果。

设置玻璃滤镜效果

5. 极坐标

"极坐标"滤镜将图形中假设的直角坐标转换成极坐标，把矩形的上边往里压缩，下边向外延伸，从而使图形畸形失真。

设置极坐标滤镜效果

6. 挤压

使用"挤压"滤镜可以把图像挤压变形，收缩膨胀，从而产生离奇的效果。

设置挤压滤镜效果

178

7. 镜头校正

使用"镜头校正"滤镜可对照片中透视效果不漂亮的地方进行校正。通过"镜头校正"对话框中的选项,可对照片的头饰效果进行扭曲、角度旋转和晕影等设置。

设置镜头校正滤镜效果

8. 扩散亮光

使用"扩散亮光"滤镜将图像渲染成像是透过一个柔和的扩散滤镜来观看的。此滤镜添加透明的白杂色,并从选区的中心向外渐隐亮光。

设置扩散亮光滤镜效果

10.3.5 锐化类滤镜

锐化类滤镜可以将图像制作得更清晰,使画面的图像更加鲜明,通过提高主像素的颜色对比度使画面更加细腻。下面介绍添加锐化滤镜的不同效果。

1. 原图

打开随书光盘 \ 素材 \10\09.JPG 素材文件。

原始素材图像

2. USM 锐化

"USM 锐化"滤镜能够调整图像的对比度,使画面更清晰。可通过"USM 锐化"对话框来设置参数。

设置USM锐化滤镜效果

3. 进一步锐化

执行"进一步锐化"滤镜命令,可对图像实现进一步的锐化,即多次执行"锐化"滤镜命令后的效果。

设置进一步锐化滤镜效果

4. 锐化

"锐化"滤镜可提高图像的颜色对比,使画面更加鲜明。在模糊的图像上,应用"锐化"滤镜可表现出鲜明、清晰的图像效果。

设置锐化滤镜效果

179

5. 锐化边缘

"锐化边缘"滤镜命令只强调图像的边线部分，表现出细致的颜色对比，一般不用于强调类似颜色，只强调对比强烈的变现部分。

6. 智能锐化

"智能锐化"滤镜可对图像的锐化做智能地调整，能够精确地设置阴影和高光的锐化效果，移去图像中的模糊效果。

设置锐化边缘滤镜效果

设置智能锐化滤镜效果

10.3.6 素描类滤镜

素描类滤镜可以通过钢笔或木炭绘制图像草图效果，也可以调整画笔的粗细，或对前景色、背景色进行设置，可以得到丰富的绘画效果。下面详细介绍素描类滤镜的效果。

1. 原图

打开随书光盘 \ 素材 \10\10. JPG 素材文件。

2. 半调图案

"半调图案"滤镜可以将图像处理为带有网点的暗色怀旧效果。

原始素材图像

设置半调图案滤镜效果

3. 便条纸

"便条纸"滤镜使图像沿着边缘线产生凹陷，生成表现为浮雕效果和仿木纹效果的凹陷压印图案。

4. 塑料效果

"塑料效果"滤镜在图像的轮廓中产生填充石膏粉的效果，表现出立体的形态。

设置便条纸滤镜效果

设置塑料效果滤镜效果

5. 炭笔

"炭笔"滤镜将图像处理成用炭精条画的效果，背景色设置为纸的颜色，前景色设置为木炭颜色。

设置炭笔滤镜效果

6. 网状

"网状"滤镜产生网眼覆盖效果，使图像呈现网状结构，使用前景色代表暗部，背景色代表亮部。

设置网状滤镜效果

10.3.7 像素化类滤镜

像素化滤镜组中包括了彩块化、彩色半调、点状化等滤镜，通过这些滤镜，可以将相邻颜色值相近的像素结成块来定义区域，从而产生金格状、点状和马赛克等效果。

1. 原图

打开随书光盘 \ 素材 \10\11.JPG 素材文件。

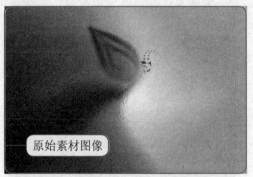

原始素材图像

2. 彩块化

"彩块化"滤镜使纯色或相近颜色的像素结成相近颜色的像素块，图像如同手绘效果，将显示图像设置为类似抽象派的绘画。

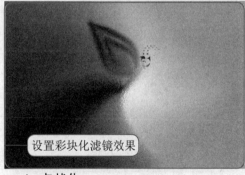

设置彩块化滤镜效果

3. 彩色半调

"彩色半调"滤镜设置图像的网点效果，表现放大显示彩色印刷品时的效果。

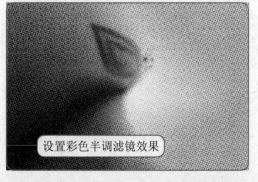

设置彩色半调滤镜效果

4. 点状化

"点状化"滤镜将图像设置为通过描画技法绘制的图画效果。

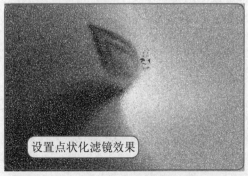

设置点状化滤镜效果

181

5. 晶格化

"晶格化"滤镜使图像产生类似结晶的效果，每一个小面的色彩由原图像位置中主要的色彩代替。

设置晶格化滤镜效果

6. 马赛克

"马赛克"滤镜通过将一个单元格内所有的图像像素统一颜色，从而产生一种模糊化的马赛克效果。

设置马赛克滤镜效果

10.3.8　渲染类滤镜

渲染类滤镜可以在图像中制作云彩形态的图像，设置照明效果或通过镜头产生光晕效果，在该滤镜组中包括分层云彩、光照效果、镜头光晕、纤维和云彩 5 个滤镜命令。下面详细介绍渲染类滤镜组中的不同效果。

1. 原图

打开随书光盘 \ 素材 \10\12.JPG 素材文件。

原始素材图像

2. 分层云彩

使用"分层云彩"滤镜可在纯色背景中设置云彩效果，颜色会发生改变，多次应用滤镜，效果也会不同。

设置分层云彩的滤镜效果

3. 光照效果

"光照效果"滤镜可在图像上产生不同的光源、光类型以及不同的光特性形成的光照效果。

设置光照效果的滤镜效果

4. 镜头光晕

"镜头光晕"滤镜可使图像产生明亮光线进入摄像机镜头的眩光效果。

设置镜头光晕的滤镜效果

5. 纤维

"纤维"滤镜可利用前景色和背景色在图像上表现纤维材质。

设置纤维的滤镜效果

6. 云彩

"云彩"滤镜可利用前景色和背景色之间的随机像素值将图像转换为柔和的云彩效果。

设置云彩的滤镜效果

10.3.9　艺术效果类滤镜

艺术效果类滤镜可以为图像添加具有艺术特色的绘制效果，可以使普通的图像具有艺术风格的效果，且绘画形式不拘一格。下面详细介绍艺术效果类滤镜的不同效果。

1. 原图

打开随书光盘 \ 素材 \10\13. JPG 素材文件。

原始素材图像

2. 壁画

应用"壁画"滤镜可以设置中世纪的仿旧效果，使图像轮廓更清晰。

设置壁画滤镜效果

3. 底纹效果

使用"底纹效果"滤镜可以根据纹理的类型和色值在图像画面中产生纹理描绘的效果。

设置底纹效果的滤镜效果

4. 干画笔

使用"干笔画"滤镜可以使画面产生一种饱和且不湿润的优化效果。

设置干画笔的滤镜效果

183

5. 海报边缘

使用"海报边缘"滤镜可以设置图像的阴影部分为黑色轮廓，突出海报的效果。

设置海报边缘的滤镜效果

7. 胶片颗粒

"胶片颗粒"滤镜可以使图像产生一种在薄膜上布满颗粒的效果，可用于制作老照片效果。

设置胶片颗粒的滤镜效果

9. 霓虹灯光

"霓红灯光"滤镜可以将图像设置为灯光照射的效果，并且可以设置发光的颜色。

设置霓虹灯光的滤镜效果

6. 绘画涂抹

使用"绘画涂抹"滤镜相当于使用画笔在图像上进行涂抹，使画面变得模糊。

设置绘画涂抹的滤镜效果

8. 木刻

"木刻"滤镜可以将图像处理成彩纸图的效果，可以清楚地显示图形的颜色变化。

设置木刻的滤镜效果

10. 塑料包装

"塑料包装"滤镜可以使图像表面产生一种质感很强的塑料包装物效果，具有柔和光泽的效果。

设置塑料包装的滤镜效果

10.3.10　杂色类滤镜

杂色类滤镜是在图像上使用杂点来表现图形效果，或者将图像上产生的杂点删除。下面分别介绍杂色类滤镜的不同效果。

1. 原图

打开随书光盘 \ 素材 \10\14. JPG 素材文件。

2. 减少杂色

"减少杂色"滤镜可以通过设置"减少杂色"对话框中的各项参数，减少图像中的杂色。

原始素材图像

设置减少杂色滤镜效果

3. 蒙尘与划痕

"蒙尘与划痕"滤镜可以删除图像上的灰尘、瑕疵、草图、划痕及图像轮廓外多余的杂质，使图像更加柔和。

4. 祛斑

"祛斑"滤镜可以删除图像上的杂点，使画面更加清晰。

设置蒙尘与划痕的滤镜效果

设置祛斑滤镜效果

5. 添加杂色

"添加杂色"滤镜可以在图像上按像素产生的形态产生杂点，表现图像的陈旧感。

6. 中间值

"中间值"滤镜可以删除图像上的杂点，通过平均值应用周围颜色去掉杂点。

设置添加杂色的滤镜效果

设置中间值滤镜效果

185

10.3.11 其他类滤镜

其他类滤镜主要用于改变构成图像的像素排列，滤镜组中包括高反差保留、位移、自定、最大值和最小值5个滤镜命令。下面介绍这几种滤镜的效果。

1. 原图

打开随书光盘 \ 素材 \10\15. JPG 素材文件。

原始素材图像

2. 高反差保留

"高反差保留"滤镜可以设置图像的亮度，降低阴影部分的饱和度。

设置高反差保留的滤镜效果

3. 位移

应用"位移"滤镜可以设置水平和垂直方向的值来移动图像。

设置位移的滤镜效果

4. 自定

使用"自定"滤镜可以通过数学运算在图像上产生变化，能够运用多种效果。

设置自定的滤镜效果

5. 最大值

使用"最大值"滤镜可以用高光颜色像素代替图像的边线部分。

设置最大值的滤镜效果

6. 最小值

使用"最小值"滤镜可以用阴影的颜色像素替代图像的边线部分。

设置最小值的滤镜效果

—··知识进阶：使用滤镜的组合设置梦幻特效··—

通过应用滤镜组合对图像背景进行增效，再结合使用蒙版工具去除不需要的边缘图像，更改图层的不透明度，制作若隐若现的梦幻特效。

光盘	第10章 \ 使用滤镜的组合设置梦幻特效

1 执行"文件>新建"命令，打开"新建文件"对话框，在对话框中设置文件的宽度、高度、分辨率、颜色模式、背景内容等选项。设置完成后，单击"确定"按钮。

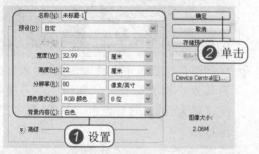

2 打开"图层"面板，新建一个图层"图层1"，单击工具箱中的"渐变工具"按钮，在其选项栏中单击渐变条，打开"渐变编辑器"对话框，在对话框中设置渐变颜色。设置完成后单击"确定"按钮。

3 使用"渐变工具"在图像正上方单击，并向正下方拖曳，绘制直线，设置渐变颜色。

拖曳

4 打开随书光盘 \ 素材 \ 4 \ 16.JPG素材文件，执行"选择>色彩范围"命令。

原始素材图像

5 在打开的"色彩范围"对话框中设置"颜色容差"为200，用"吸管工具"在图像中白色位置上单击，然后单击"确定"按钮。

6 按快捷键Ctrl+C复制选区中的图像，切换到新建的背景图像中，按快捷键Ctrl+V将复制的图像粘贴到背景图像中。

复制的图像效果

187

⑦ 在"图层"面板中，选中图层1，将图层1拖曳至"创建新图层"按钮上，复制4个图层副本。

⑧ 选中"图层1副本"图层，单击工具箱中的"吸管工具"，在图像中紫色区域单击吸取颜色，设置前景色，再切换前景色和背景色。使用吸管工具在图像中黄色位置单击，设置背景色。

⑨ 执行"滤镜>渲染>云彩"命令，即对图像进行设置的前景色和背景色的云彩滤镜。

⑩ 在"图层"面板中，将"图层1副本"的图层混合模式设置为"色相"，不透明度设置为50%，然后选中"图层1副本2"图层。

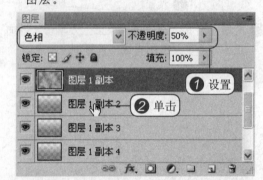

⑪ 执行"滤镜>扭曲>波浪"命令，在打开的"波浪"对话框中，设置"生成器数"、"波长"、"波幅"和"比例"等参数，在"类型"中单击"方形"单选按钮，然后单击"确定"按钮，应用设置的波浪滤镜。

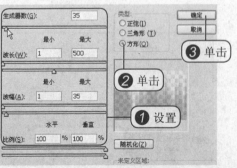

⑫ 执行上一步操作后，可以查看到整体图像应用滤镜组合效果。

⑬ 执行"滤镜>素描>铬黄"命令，打开"铬黄渐变"对话框，在对话框中设置"细节"和"平滑度"的值为8和10，设置完成后单击"确定"按钮，应用设置的铬黄滤镜。

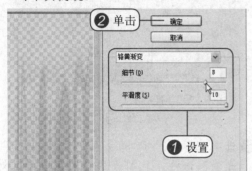

② 单击 —— 确定
取消
铬黄渐变
细节(D)   8
平滑度(S)   10

① 设置

⑭ 在画面中，查看根据上一步设置的滤镜效果，图像中的垂直纹理呈现流动状态。

查看完成上色效果

⑮ 在"图层"面板中，将"图层1副本2"图层的不透明度设置为30%。

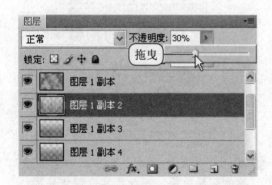

图层
正常   不透明度: 30%
锁定: ☒ ✔ ✚ 🔒   拖曳
👁 图层1副本
👁 图层1副本2
👁 图层1副本3
👁 图层1副本4
🔗 fx. 🔲 🖊. 🔲 🔳 🗑

⑯ 打开随书光盘\素材\4\16.JPG素材文件，按快捷键Ctrl+T，打开变换编辑框，将图像大小和位置进行适当调整。

原始素材图像

⑰ 将前景色和背景色设置为默认颜色，执行"滤镜>扭曲>扩散亮光"命令，打开"扩散亮光"对话框，在对话框中设置"粒度"、"发光量"、"清除数量"等参数，设置完成后单击"确定"按钮。

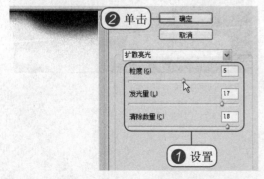

② 单击 —— 确定
取消
扩散亮光
粒度(G)   5
发光量(L)   17
清除数量(C) 18

① 设置

⑱ 在"图层"面板中，单击面板下方的"创建图层蒙版"按钮，为"图层3"创建图层蒙版，单击"图层2"、"图层1副本"、"图层1副本2"前的眼睛图标，将其隐藏。

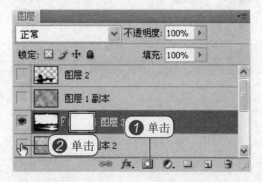

图层
正常   不透明度: 100%
锁定: ☒ ✔ ✚ 🔒   填充: 100%
图层2
图层1副本
图层3   ① 单击
② 单击 本2
🔗 fx. 🔲 🖊. 🔲 🔳 🗑

189

⑲ 单击"画笔工具",将画笔大小设置为300像素,然后在图层蒙版中进行涂抹,擦除不需要的图像。

⑳ 在"图层"面板中,选中"图层1副本2"图层。

㉑ 按快捷键Ctrl+T,打开变换编辑框,单击鼠标右键,在弹出的快捷菜单中选择"旋转180度"命令,然后按Enter键即可将图像旋转180度。

㉒ 选中"图层3",执行"滤镜>渲染>镜头光晕"命令,在打开的"镜头光晕"对话框中设置光晕的角度和亮度,然后单击"确定"按钮,应用镜头光晕滤镜。

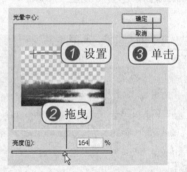

㉓ 打开"图层"面板,选中"图层2",设置其图层混合模式为"叠加"。

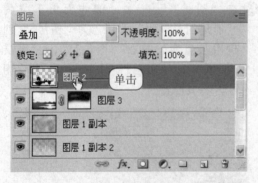

㉔ 执行上一步操作后,在画面中可以看到整体图像效果,至此本实例制作完成。

设置最终图像效果

190

Chapter 11

让图像处理轻松起来
——使用动作、自动化和脚本

要点导航
动作的运用
录制和播放动作
批量处理文件
图层导出为多个文件

　　在进行图像处理中，当需要进行大量同类的图像文件处理时，重复的操作会大大影响工作进度，如何能够快速地处理多个文件，Photoshop中的批量处理将为大家解决问题。

　　本章介绍了在Photoshop CS4中通过预设动作对图像进行快速处理，将操作步骤保存为动作，并对动作进行播放，通过批处理命令对多个文件同时进行处理，使用图像处理器实现多个文档的快速转换。

<table>
<tr><td>11.1</td><td>通过动作处理图像</td></tr>
</table>

11.1 通过动作处理图像

关键字
预设动作、录制动作、播放、编辑

视频学习　光盘\第11章\11-1-1使用预设动作、11-1-2录制和播放动作

难度水平
◆◆◆◇◇

　　在 Photoshop 中使用动作，可以减少对相同操作的重复，在动作的运用中，不仅可以通过系统预设的多种动作对图像进行处理，还可以通过对操作步骤进行记录为动作，并运用在其他图像中。

11.1.1　使用预设动作

　　预设动作是 Photoshop 系统中已有的动作，在预设动作中包含命令、画框、图像效果、制作、文字效果、纹理、视频动作等七类动作。下面介绍使用预设动作进行图像处理的步骤。

步骤1：打开动作面板。

执行"窗口>动作"命令，打开"动作"面板。

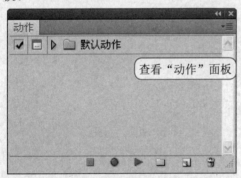

查看"动作"面板

步骤2：打开素材文件。

执行"文件>打开"命令，打开随书光盘\素材\11\01.JPG素材文件。

查看素材人物图

步骤3：选择预设动作并播放。

❶ 单击"默认动作"文件夹前的右三角按钮，在默认动作中选择"棕褐色调（图层）"动作；

❷ 单击面板下方的"播放动作"按钮 ▶。

步骤4：设置预设动作效果。

根据上一步选择的动作，在素材文件上进行动作的播放后，自动为素材文件进行棕褐色调的设置。

查看设置棕褐色调效果

11.1.2 录制和播放动作

录制动作是将操作中的步骤记录为动作，在录制的动作中，依次将操作的步骤进行存储，对于录制的动作，可以在其他的图像上进行播放。下面具体介绍对新动作进行录制和播放的过程。

步骤1： 打开文件并复制图层。

执行"文件>打开"命令，打开随书光盘\素材\11\02.JPG素材文件，在"动作"面板中，单击"创建新动作"按钮 。

步骤3： 复制多个图层并调整。

❶ 在"图层"面板中，复制两个"背景"图层，选中"背景副本"图层。

❷ 执行"图像>调整>去色"命令，将"背景副本"图层去色。

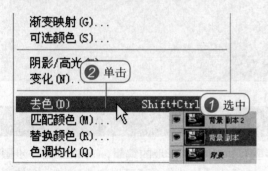

步骤5： 设置图层不透明度。

❶ 选中"背景副本2"图层，调整图层的不透明度为20%。

❷ 将图层进行以上设置后，素材图像将呈现中性色调效果。

步骤2： 设置动作属性。

❶ 在打开的"新建动作"中设置名称为"中性色调"，保存至"默认动作"中。

❷ 设置完后单击"记录"按钮，以后的操作都将记录在新建的动作中。

步骤4： 调整图层混合模式。

在"图层"面板中，调整"背景副本"图层的混合模式为"滤色"模式。

193

步骤6： 停止记录动作。

在"动作"面板中，单击"停止播放/录制"按钮 ■，停止对操作的动作进行记录。

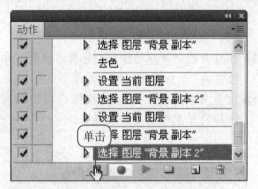

步骤8： 在文件上播放动作。

❶ 在"动作"面板中，单击面板下方的"播放选定的动作"按钮 ▶，对新打开的素材文件播放"中性色调"动作，在"图层"面板中查看设置的图层效果。

❷ 在画面中查看添加中性色调后的图像效果。

步骤7： 打开新的素材文件。

执行"文件>打开"命令，打开随书光盘\素材\11\03.JPG素材文件，在"动作"面板中选择"中性色调"动作。

▶ **你问我答**

问：在 Photoshop 中只有预设动作可以运用吗？

答：Photoshop 不仅可以通过预设的动作和自己新建的动作进行图像处理，还可以通过载入动作的方式添加新的动作，通过"动作"面板中的"载入动作"命令，选择以 .ATN 为后缀的动作文件即可。

11.1.3 动作的编辑和删除

在对动作进行记录之后，对记录的操作步骤可以进行进一步的编辑，可以对操作步骤的顺序进行调整，还可以直接删除记录的步骤。对于记录的动作，还可以自由地进行存储，方便以后的调用。下面介绍具体的操作步骤。

步骤1： 选择需要编辑的步骤。

在"动作"面板中，按住Ctrl键的同时选择需要进行编辑的多个操作步骤，将多个步骤同时选中。

步骤2： 移动操作的位置。

将上一步选中的多个步骤拖曳至最后一个步骤之下。

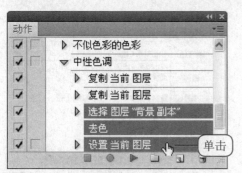

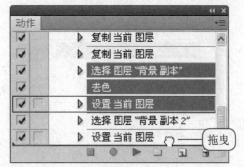

步骤3： 调整操作步骤位置。

根据上一步对选中的步骤进行位置变换后，释放鼠标，查看调整操作步骤位置发生了改变。

步骤4： 删除多个步骤。

❶ 在"动作"面板中，选中需要删除的操作步骤。

❷ 单击面板下方的"删除"按钮 ，即可将选中的操作步骤删除。

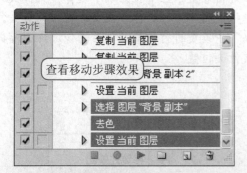

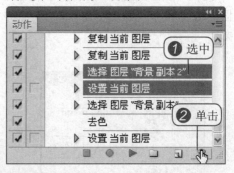

195

11.2　自动化处理图像

关键字
批处理、快捷批处理、Photomerge

视频学习　光盘\第11章\11-2-1使用批处理命令、11-2-3使用Photomerge命令

难度水平
◆◆◆◇◇

自动化处理文件的基本原则是运用简单的操作对多个图像文件进行快速的处理。在自动化处理图像中，运用 Photoshop 的批处理命令可以对动作进行选择，设置同一动作的相同操作，还可以通过创建快捷方式设置图像的批量处理。

11.2.1　使用批处理命令

批处理命令主要是将多个图像上同时运行相同的动作，可以选择对某一文件夹中的所有图像进行设置，进行批量处理后的图像文件还可以以一定的规律进行排列。下面介绍具体的操作步骤。

步骤1： 执行菜单命令。

执行"文件>自动>批处理"命令，打开"批处理"对话框。

步骤2： 选择批量处理的动作。

在"批处理"对话框中，在"动作"下拉列表中，选择"四分颜色"选项。

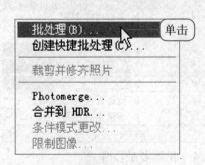

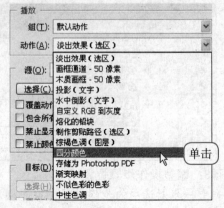

步骤3： 设置源文件夹。

在"批处理"对话框中，单击"源"选项下的"选择"按钮，打开"浏览文件夹"对话框，选择随书光盘\素材\11\04素材文件夹。

步骤4： 设置目标文件。

继续在"批处理"对话框中，对"目标"选项进行设置，在下拉列表中选择"文件夹"选项，再单击"选择"按钮，在"浏览文件夹"中设置进行批量处理后图像文件存储的文件夹位置。

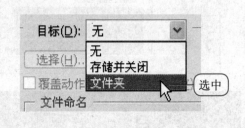

步骤5： 设置文件的存储。

在"批处理"对话框中，单击"确定"按钮即可进行图像的批量处理。在对图像进行操作时，系统会提示用户进行最终文件的存储，在"存储为"对话框中设置"文件名"和"格式"后，单击"保存"按钮。

步骤6： 查看进行批量处理的文件。

在上一步设置的图像文件中，查看依次存储的多个JPEG图像文件，在文件夹中查看多个图像文件效果。

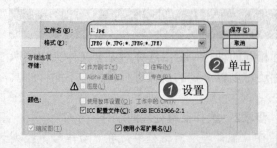

查看进行批量处理效果

11.2.2 创建快捷批处理

创建快捷批处理和批处理命令是不相同的，快捷批处理是将对图像的设置以一个可执行文件的形式保存起来，并以应用程序图标的形式显示出来，操作与Windows应用程序一样，下面介绍具体的操作步骤。

步骤1： 执行菜单命令。

执行"文件>自动>创建快捷批处理"命令，打开"快捷批处理"对话框。

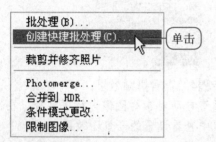

步骤2： 设置播放动作和存储位置。

在对话框中，单击"选择"按钮，设置创建执行程序存放的位置，在"播放"选项卡中，在"动作"下拉列表中选择"中性色调"选项，设置完成后单击"确定"按钮。

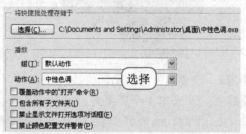

步骤3： 进行快捷设置。

根据上一步在桌面创建了一个快捷批处理应用程序，名称为"中性色调.exe"文件，打开随书光盘\素材\11\05.JPG素材文件，拖曳素材文件至快捷批处理图标上。

步骤4： 进行处理及保存。

系统将自动打开Photoshop应用程序，并根据"中性色调"的动作对图像进行处理，处理完成后提示用户对图像文件进行保存。

查看通过批量快捷键处理效果

提示：快捷批处理的进一步应用

在对快捷批处理进行创建后，不仅可以将单独的一个图像文件拖曳至图标上进行图像转换，还可以将同时选中的多个图像文件拖曳至快捷批处理图标上，依次可以对多个图像进行处理。

11.2.3 使用Photomerge命令

使用Photomerge命令能够准确地拼合图像，即使图像是参差不齐的、颜色明暗不一，都能自动地对图像进行计算，然后精确出图像的纹理并对图像进行拼接，通常可以用于多幅图像的拼贴操作，下面介绍具体的操作步骤。

步骤1： 执行菜单命令。

执行"文件>自动>Photomerge"命令，打开"Photomerge"对话框。

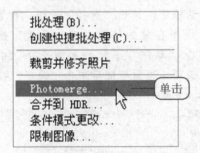

步骤3： 设置图像的拼贴。

根据上一步选中多个需要进行拼贴的图像文件，在"Photomerge"对话框中，单击"确定"按钮，弹出"进程"对话框，系统将自动对图像文件进行拼贴。

步骤5： 设置图像的裁剪。

❶ 在工具箱中单击"裁剪工具"按钮 ，选中"裁剪工具"。

❷ 在步骤4设置的全景图像上单击，按住Ctrl键的同时拖曳裁剪边框，设置合适的裁剪框大小。

步骤2： 选择多个素材文件。

❶ 在"Photomerge"对话框中，单击选中左侧的"透视"单选按钮。

❷ 在"源文件"选项卡中，单击"浏览"按钮，在打开的对话框中同时选中随书光盘\素材\11\06.jpg、07.jpg、08.jpg素材文件。

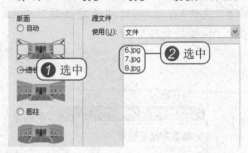

步骤4： 查看拼贴效果。

通过自动对素材图像进行拼贴后，在图像窗口中查看设置的全景图效果。

查看拼贴图像效果

步骤6： 确定图像的裁剪。

确定裁剪框的大小后，按Enter键即可完成对图像的裁剪，在画面中查看裁剪图像后的效果。

查看裁剪图像后的效果

198

11.3 脚本

视频学习 光盘\第11章\11-3-1设置打印选项

难度水平
◆◆◆◇◇

脚本通常可以由应用程序临时调用并执行，可以是一个事件触发后的动作。在 Photoshop 中通过对脚本下的多种程序进行调用，设置多个图像文件的批量处理，并设置图像文档的不同导出方式。

11.3.1 图像处理器

在图像处理器中可以为多个图像文件设置相同的变换动作，可以自由设置进行批量处理的图像大小和品质，通过图像处理器还可以为图像进行分辨率的更改。下面具体介绍通过图像处理器批量转换图像文件的操作。

步骤1：执行菜单命令。
启动Photoshop CS4软件后，执行"文件>脚本>图像处理器"命令，打开"图像处理器"对话框。

步骤2：选择设置的文件夹。
在"图像处理器"对话框中，在选择要处理的图像下单击"选择文件夹"按钮，在打开的文件夹中，选择随书光盘\素材\11\09文件夹。

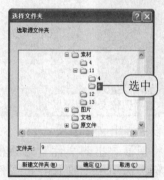

步骤3：设置其他选项。
在"选择位置以存储处理图像"中设置转换后的文件夹位置，在"文件类型"选项中，勾选"存储为TIFF"选项，设置"调整大小以适合"为W：600像素，H：450像素。

步骤4：设置处理的动作。
❶ 在"首选项"中，勾选"运行动作"复选框，在"默认动作"中选择"中性色调"动作。
❷ 设置完成后单击"运行"按钮。

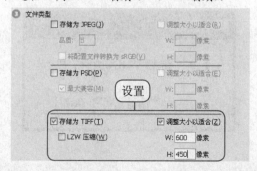

步骤5： 查看转换图像效果。

在设置的存储图像文件夹中，查看之前对多个图像进行转换后的图像，转换图像的格式为tif格式。

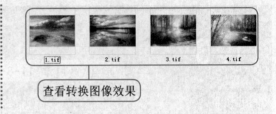

查看转换图像效果

11.3.2　将图层导出到文件

图层导出为文件功能相当强大，通过脚本中的命令，可以将当前打开的PSD文件中的每个图层分别进行处理，将每一图层中的图像以一个单独的图像文件进行存储，能够方便用户对PSD图像文件细节进行查看，下面介绍具体的操作步骤。

步骤1： 打开并查看素材图像图层。

❶ 打开随书光盘\素材\11\10.PSD素材文件。

❷ 执行"窗口>图层"命令，打开"图层"面板。

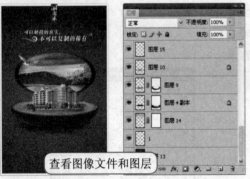

查看图像文件和图层

步骤2： 执行菜单命令。

执行"文件>脚本>将图层导出到文件"命令，打开"将图层导出到文件"对话框。

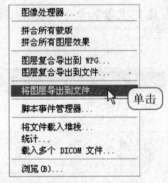

图像处理器…
拼合所有蒙版
拼合所有图层效果

图层复合导出到 WPG…
图层复合导出到文件…

将图层导出到文件…　　单击

脚本事件管理器…

将文件载入堆栈…
统计…
载入多个 DICOM 文件…

浏览(B)…

步骤3： 设置导出文件选项。

❶ 在"将图层导出到文件"对话框中，在"目标"选项中，设置导出文件存放的文件夹，设置"文件名前缀"为0617，选择保存的"文件类型"为JPEG，"品质"为12。

❷ 设置后单击"运行"按钮。

步骤4： 进行图层导出。

在设置图层导出后，系统自动将素材PSD文件的各个图层进行单独处理，将其导出完成后，将弹出"脚本警告"对话框，提示导出文件成功，单击"确定"按钮。

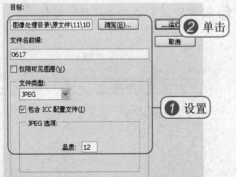

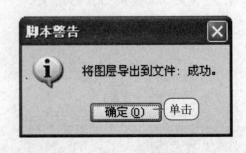

步骤5：查看导出文件。

打开导出文件存放的文件夹，可以查看根据原有的PSD素材文件的多个图层的导出效果。

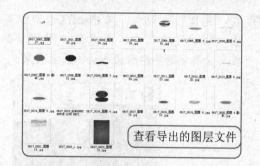

查看导出的图层文件

··· 知识进阶：从动作设置图像的批量处理 ···

在Photoshop中，通过"动作"面板将对CMYK图像进行色调操作的动作记录在新创建的动作中，再根据设置的动作对多幅RGB图像进行统一的色调处理，具体的操作步骤如下。

光盘	第11章 \ 从动作设置图像的批量处理

❶ 打开随书光盘\素材\11\11.JPG素材文件，执行"窗口>动作"命令，打开"动作"对话框，创建新动作的名称为"CMYK调色"，设置后单击"记录"按钮。

❷ 执行"图像>模式>CMYK颜色"命令，将RGB模式图像转换为CMYK颜色模式。

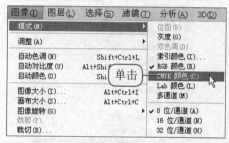

❸ 在"图层"面板中，按快捷键Ctrl+J为"背景"图层创建一个图层副本"图层1"。在"通道"面板中，按快捷键Ctrl+A全选图像，选中"黑色"通道并复制到剪贴板。

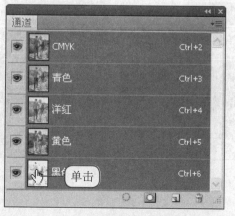

❹ 在"通道"面板中，单击"黄色"通道，再按快捷键Ctrl+V将"黑色"通道中的图像粘贴至"黄色"通道中。

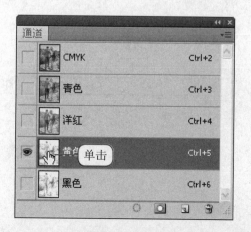

201

❺ 在"通道"面板中，单击CMYK通道缩略图，将该通道选中，再返回"图层"面板，查看复制并粘贴通道后的画面效果。

❻ 在"图层"面板中，调整"图层1"的混合模式为"浅色"模式，设置后再按快捷键Ctrl+D取消图像的全部选择。

❼ 在"动作"面板中，按"停止播放/记录"按钮■，将进行记录的动作停止记录，查看"CMYK调色"动作中的操作步骤。

CMYK调色 查看设置动作效果
▷ 转换模式
通过拷贝的图层
选择 黑色 通道
▷ 设置 选区
拷贝
选择 黄色 通道
▷ 粘贴
选择 CMYK 通道
▷ 设置 当前 图层
▷ 设置 选区

❽ 执行"文件>脚本>图像处理器"命令，打开"图像处理器"对话框，设置需要处理的素材文件夹后，勾选"存储为JPEG"复选框，设置"品质"为12。

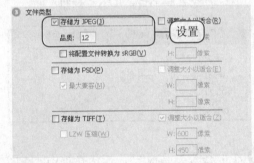

❾ 在"图像处理器"对话框中，勾选"首选项"下的"运行动作"复选框，选择"CMYK调色"动作，设置后单击"运行"按钮。

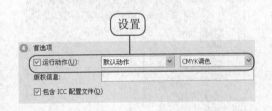

❿ 通过"图像处理器"对多个素材文件进行批量处理后，在存储的JPEG文件夹中可查看多个处理效果。

查看批量处理图像效果

Chapter 12

图像应用导向

——图像的输出与打印

要点导航

设置多种格式的文件存储
存储为 PDF 文件
设置打印分色和陷印
打印属性和页面设置

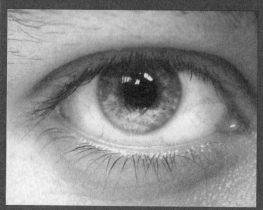

Photoshop CS4 支持多种文件格式以满足不同用户的输出需求，用户可以在众多的格式中选择任何一种对图像进行存储或导出设置。

本章主要介绍了在 Photoshop CS4 中的多种图像存储方法，设置图像的存储格式可以是大型文件、PDF 文件等。在对图像进行打印时，分别对图像的分色打印、陷印、印刷校样和打印设置等做了详细介绍。帮助用户了解打印页面设置、部分图像打印和矢量图像打印的方法。

12.1 图像的存储

视频学习　无

难度水平
◆●◇◇◇◇

　　在进行图像处理之后，需要选择不同的存储方式对图像进行保存。Photoshop提供了多种格式的图像文件保存格式供用户选择，可以将图像存储为静态、动态格式，还可以将大型的文件进行存储。

12.1.1　存储为多种文件格式

　　在Photoshop中，通过菜单可以对图像进行直接存储和另存为的操作。下面具体介绍将图像文件存储为多种文件格式的方法。

步骤1：执行菜单命令。
在Photoshop CS4中对图像进行编辑操作后，执行"文件>存储为"命令，可以打开"存储为"对话框。

步骤2：选择存储格式。
在"存储为"对话框中，在格式下拉列表中，可以选择多种文件格式进行存储。

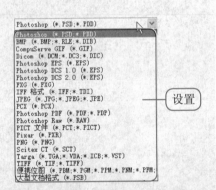

设置

12.1.2　存储大型文件

　　Photoshop 支持宽度或高度最大为30 000像素的文档，并提供3种文件格式用于存储其图像的宽度或高度超过30 000像素的文档，Photoshop无法处理大于2GB的文件或者其宽度或高度超过30 000像素的图像，下面分别介绍这3种大型文件的存储格式。

1. PSB 格式

　　PSB 大型文档格式支持任何文件大小的文档，所有 Photoshop功能都保留在 PSB文件中。但只有Photoshop CS4和更高版本才支持 PSB 文件。

3. TIFF 格式

　　TIFF 支持大小最大为 4GB 的文件，超过 4GB 的文档不能以 TIFF 格式进行存储。

2. RAW 格式

　　Photoshop Raw支持任何像素大小或文件大小的文档，但是不支持图层，以Photoshop Raw格式存储的大型文档是拼合的。

【设计师之路】平面设计师进行图像创作时，高质量的图像文件通常会占用大量的硬盘空间，所以，在进行图像处理之前，需要对计算机硬盘空间进行整理。

204

提示：作为副本存储

为了方便对原图像和最终图像的效果进行对比，可以在保存文件的时候将修改后的图像效果自动保存为副本，在"存储为"对话框中的"存储"选项中，勾选"作为副本"复选框，单击"保存"按钮即可。

12.1.3 存储为PDF文件

由于 Photoshop PDF 文档可以保留 Photoshop 数据，如图层、Alpha 通道、注释和专色。因此，可以在 Photoshop CS2 或更高版本中打开文档并编辑图像。此外，还可以使用 Photoshop PDF 格式在多页文档或幻灯片放映演示文稿中存储多个图像。

步骤1： 选择文件的存储格式。

执行"文件>存储为"命令，打开"存储为"对话框，在对话框中，打开"格式"下拉列表，选择"Photoshop PDF"文件格式。

步骤2： 创建缩放区域。

在打开的"存储Adobe PDF"对话框中，可以对"一般"属性进行设置，勾选"存储后查看PDF"复选框。

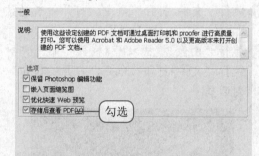

步骤3： 设置文件的压缩。

在左侧的选项栏中选中"压缩"选项，调整图像的分辨率高于450像素/英寸，压缩格式为JPEG，图像品质为"最佳"。

步骤4： 设置文件的安全性。

在"安全性"选项中，勾选"要求打开文档的口令"复选框，并在"文档打开口令"中输入口令密码。再设置"许可"选项，设置完成后单击"存储PDF"按钮，完成对PDF文档的存储。

12.2 图像的分色和打样

视频学习 光盘\第12章\12-2-1从Photoshop打印分色

难度水平
◆◆◆◇◇

在 Photoshop 中，可以将 CMYK 颜色模式下的图像进行分色打印。通过对打印选项进行设置，可以将图像进行不同的分色、陷印的打印，设置图像的印刷校样。

12.2.1 从Photoshop打印分色

打算用于商业再生产并包含多种颜色的图片必须在单独的主印版上打印，一种颜色一个印版，这样的过程称为分色。分色要求使用青色、黄色、洋红和黑色（CMYK）4 种油墨。在 Photoshop 中，可以调整生成各种印版的方式，下面介绍具体的操作步骤。

步骤1：选择打印图像并执行命令。

❶ 执行"文件>打开"命令，打开随书光盘
\素材\12\01.JPG素材图像。

❷ 执行"图像>模式>CMYK模式"命令，再
执行"文件>打印"命令，打开"打印"
对话框。

步骤2：选择设置分色打印。

在"打印"对话框中，选择"颜色处理"下
拉列表中的"分色"命令。

❶ 查看素材图像效果 ❷ 单击

❷ 单击

步骤3：查看分色打印效果。

在"打印设置"对话框中，单击"打印"按
钮，打开"文件另存为"对话框，将分色打
印的文件保存至1.xps文件中，设置分色打
印后的图像效果分别代表青色、洋红、黄色
和黑色颜色下的图像效果。

查看分色后的效果

▶ **补充知识**

Photoshop 可以将图像发送到多种设备，以便直接在纸上打印图像，或将图像转换为胶片上的正片或负片图像。在后一种情况中，可使用胶片创建主印版，以便通过机械印刷机印刷。

206

12.2.2　创建颜色陷印

陷印是一种叠印技术，这种技术能够避免在印刷时由于没有对齐而使打印图像出现小缝隙。在连续色调的图像上不需要使用陷印，但是过多的陷印会产生轮廓效果。所以，在进行任何陷印处理之前，应该使印刷商得知陷印的值，下面介绍具体的操作步骤。

步骤1：执行菜单命令。

❶ 打开需要创建颜色陷印的图像，执行"图像>模式>CMYK模式"命令，将图像转换为CMYK模式。

❷ 执行"图像>陷印"命令，在弹出的询问对话框中将图层进行拼合。

步骤2：设置陷印属性。

在打开的"陷印"对话框中，查看默认的陷印宽度为1，陷印单位为"像素"，可以自定义设置陷印的宽度，设置完成后单击"确定"按钮。

12.2.3　打印印刷校样

印刷校样有时称为校样打印或匹配打印，是对最终输出在印刷机上的印刷效果的打印模拟。印刷校样通常在比印刷机便宜的输出设备上生成，下面介绍具体的操作步骤。

步骤1：设置校样选项。

选择需要进行打印的图像，执行"文件>打印"命令，打开"打印"对话框，在"颜色管理"选项下单击"校样"单选按钮。

步骤2：选择校样设置。

在"校样设置"的下拉列表框中选择"工作中的CMYK"选项，勾选"模拟纸张颜色"复选框，单击"打印"按钮即可对图像进行印刷校样设置。

提示：印刷校样需要注意

如果看到图像大小超出纸张可打印区域的警告，单击"取消"按钮，执行"文件＞打印"命令，再选择"缩放以适合介质"选项，若要对纸张大小和布局进行更改，单击"页面设置"命令，并尝试再次打印文件。

207

12.3 图像的打印输出

关键字
打印选项、页面属性、矢量图像

视频学习　光盘\第12章\12-3-1设置打印选项

难度水平
◆◆◆◇◇

　　无论是将图像打印到桌面打印机，还是将图像发送到印前设备，了解有关打印的基础知识都会使打印操作更顺利。正确掌握打印选项和页面属性等设置，将有助于确保完成的图像达到预期的效果。

12.3.1 设置打印选项

　　对图像进行打印前应该先确定好打印机的状态，打印机设备是否已经连接至计算机。在Photoshop中进行打印选项的设置，下面主要介绍打印选项的具体设置。

步骤1：执行菜单命令。
在Photoshop中打开随书光盘\素材\12\02.jpg素材文件，执行"文件>打印"命令，打开"打印"对话框，在对话框最左侧可以查看打印图像的预览显示。

查看预览框效果

步骤2：选择打印页面。
在设置"页面位置"选项中，单击"横向打印纸张"按钮 ，设置打印的纸张位置为横向。

单击

步骤3：设置打印尺寸。
在"缩放后的打印尺寸"选项中，勾选"缩放以适合介质"复选框，其"缩放"、"高度"和"宽度"选项均进行自动调整。

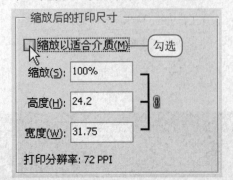

勾选

步骤4：查看打印设置效果。
❶ 在对话框中的左侧预览框中查看设置打印的图像效果。
❷ 在对话框中单击"打印"按钮进行打印。

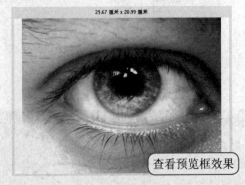

查看预览框效果

208

12.3.2 设置页面属性

在进行图像打印时，若需要打印的图像拥有较高的品质，除了图像本身的像素质量和打印的好坏以外，还需要在打印页面属性中进行正确的设置。控制打印页面的基本属性和数值后即能够对图像进行正确的打印，下面介绍具体的操作步骤。

步骤1：执行菜单命令。

在Photoshop中执行"文件>页面设置"命令，打开"页面设置"对话框。

步骤2：设置页面属性。

在"页面设置"对话框中对打印的纸张进行设置，可以选择多种大小的纸张，设置打印的方向和页边距，设置完成后，单击"确定"按钮即可完成页面属性的设置。

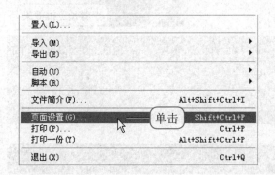

12.3.3 打印部分图像

在进行图像打印时，不一定需要打印画面中的所有区域，用户可以指定图像中的任意位置，也可以是任意形状进行局部打印。在Photoshop中打印部分图像区域，可以使用选框工具进行部分图像的选取，再通过"打印"选项指导位置，下面介绍具体的操作步骤。

步骤1：绘制矩形选区。

打开随书光盘\素材\12\03.JPG素材文件。在工具箱中选中"矩形选框工具"按钮⬚，使用"矩形选框工具"绘制一个大小合适的矩形选区。

步骤2：设置打印区域。

执行"文件>打印"命令，打开"打印"对话框，勾选"打印选定区域"复选框。

查看绘制矩形选区效果

步骤3：设置打印缩放尺寸。

在"缩放后的打印尺寸"选项中，设置缩放的比例为50%。

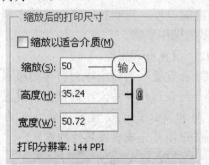

步骤4：查看打印区域。

在"打印"对话框的图像预览框中，查看打印的内容为使用矩形选区选中的图像。

查看预览框效果

提示：打印全部与局部的切换

在进行图像打印时，通过选框工具对局部进行选择后，系统自动默认将选中的局部图像进行打印。若在"打印"对话框中，勾选"缩放以适合介质"选项，可以快速地对全部图像进行设置。

12.3.4 打印矢量图像

打印矢量数据时，Photoshop CS4自动将数据传输到PostScript打印机中，打印数据的原理是将这些数据附加在图像上，并且使用矢量轮廓进行剪贴。因此，即使每个图层的内容受限于图像文件的分辨率，矢量图形的边缘仍以打印机的全分辨率打印，下面介绍具体的操作步骤。

步骤1：选择输出方式。

在包含矢量图形的图像上，执行"文件>打印"命令，打开"打印"对话框，在右侧的属性设置中选择"输出"选项。

步骤2：设置矢量数据。

在输出选项下，勾选"包含矢量数据"复选框，单击"背景"按钮可以设置背景颜色。单击"边界"和"出血"按钮可以对边界和出血的宽度进行设置。

知识进阶：设置并存储GIF图像

在Photoshop中，通过"存储为Web和设备所用格式"对创建的GIF动态图像进行设置，通过图层中对图像的设置并结合"动画"面板中对动画帧的添加，制作3帧的动态图像效果，最后将其动态图像以GIF格式进行存储，具体的操作步骤如下。

光盘	第12章 \ 设置并存储 GIF 图像

210

❶ 打开随书光盘\素材\12\04.JPG素材文件，在"窗口"菜单中选择"动画"命令，将"动画"面板打开。

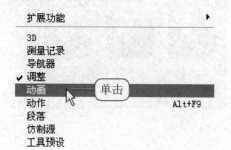

❷ 在打开的"动画"面板中，查看打开的图像效果自动放置在第1帧上。

❸ 在"背景"图层上，新建一个"照片滤镜"调整图层，在"调整"面板中，设置滤镜为"加温滤镜（85）"，设置浓度为60%。

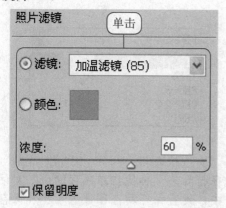

❹ 将"图层"面板中的"传播帧1"复选框取消勾选，再将"加温滤镜"调整图层隐藏，设置画面效果保存原始图像效果。

❺ 在"动画（帧）"面板中，单击"复制所有帧"按钮，复制第1帧效果。

❻ 在"图层"面板中，单击"照片滤镜1"调整图层前的眼睛图标将其显示，在"动画"面板中可以查看复制帧的效果，再复制一帧图像。

❼ 按快捷键Shift+Ctrl+Alt+E盖印一个可见图层为"图层1"，执行"图像>调整>去色"命令，为"图层1"进行去色后调整混合模式为"滤色"，不透明度为50%。

❽ 在"动画（帧）"面板中，分别将3帧图像下的"0秒"时间修改为"2秒"，延长每帧图像显示时间。

211

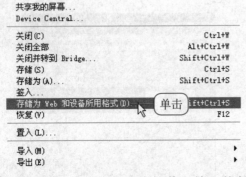

查看创建帧效果

❾ 执行"文件>存储为Web和设备所用格式"命令,打开"存储为Web和设备所有格式"对话框。

❿ 在对话框中,在设置文件存储格式下拉列表中选择图像的存储格式为"GIF"格式。

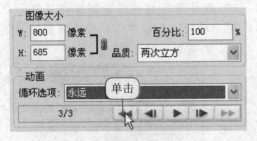

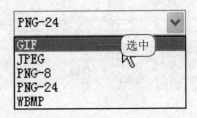

⓫ 在对话框下方单击"选择第一帧"按钮 ◀◀,将第一帧图像选中,再单击对话框底部的"存储"按钮。

⓬ 在打开的"将优化结果存储为"对话框中,设置保存动态图像的名称和保存类型,然后单击"保存"按钮。

Chapter 13

图像处理综合实例

要点导航

艺术化数码照片处理
电影海报制作
创意图像合成制作

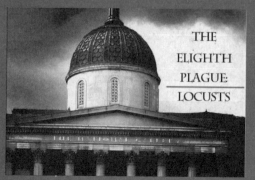

图像处理综合实例从不同的角度对 Photoshop 的图像处理功能进行综合性的整理和介绍，将图形、图像处理的基本功能融于一体，打造出多个具有一定实用效果的图像处理案例。

在本章的图像处理综合实例中，分别将数码照片处理、电影海报的制作和创意图像合成作为代表性的案例进行介绍，从图像处理的多个方面将 Photoshop 的功能进行巩固学习和实战操作。

13.1 艺术化数码照片处理

关键字
图像的修补、色调添加、清晰化

视频学习 | 光盘\第13章\13-1艺术化数码照片处理

难度水平
◆◆◆◆◇

本实例将为一张普通的人像照片进行基础的人物修饰处理，通过添加颜色和其他调整图层用于色调的调整，通过滤镜命令的添加结合图层混合，设置照片图像清晰明亮的效果，通过对色彩平衡进行部分色调的调整，打造艺术化的数码照片效果。

❶ 执行"文件>打开"命令，打开随书光盘\素材\13\01.JPG素材文件，在"图层"面板中为"背景"图层创建一个图层副本。

❷ 单击工具箱中的"修补工具"按钮，在"背景副本"图层上，将素材图像放大到合适比例，使用"修补工具"在画面中的人物鼻子部分绘制选区，并拖曳至鼻子的其他部分，修复鼻梁部分的瑕疵图像。

查看素材图像效果

拖曳

❸ 继续使用"修补工具"在画面中的人物脸部进行选区的创建和覆盖，将人物鼻子位置的瑕疵图像进行修补。

❹ 继续使用"修补工具"将人物鼻子下方和下巴位置的瑕疵图像进行修补，用附近的图像覆盖皮肤上的颗粒。

查看修复皮肤效果

查看覆盖皮肤效果

❺ 在工具箱中单击"仿制图章工具"按钮，选中"仿制图章工具"，按住Alt键在人物皮肤上进行取样，再将取样的图像对凸出的颗粒皮肤进行涂抹，将其人物手臂上的皮肤进行覆盖。

❻ 继续使用"仿制图章工具"，在画面中多次按住Alt键对人物皮肤进行取样，将人物手臂上的凸出颗粒进行遮盖，设置手臂部分皮肤的平滑效果。

214

仿制图像

查看覆盖皮肤效果

❼ 复制"背景副本"图层,选中"背景副本2"图层,选择"修补工具"为人物眼睛下方的细纹进行细节处理。

❽ 结合使用"修补工具"和"仿制图章工具",进一步对人物的面部和手臂部分的皮肤进行细节处理。

查看修复面部效果

查看修复手臂效果

❾ 在"图层"面板中,按快捷键Shift+Ctrl+Alt+E盖印一个可见图层为"图层1"。

❿ 单击"图层"面板中的"创建新的填充或调整图层"按钮 ⬤,在"图层1"上添加一个"颜色填充1"图层,在"拾取实色:"对话框中,设置颜色为R76、G53、B2。

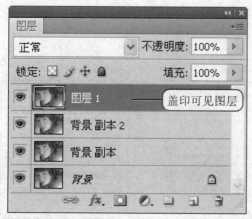
盖印可见图层

① 创建
② 设置

⓫ 在"图层"面板中调整"颜色填充1"图层的混合模式为"强光"模式,设置后的画面效果较暗。

⓬ 在"颜色填充1"调整图层上,再添加一个"亮度/对比度"调整图层。在"调整"面板中,设置"亮度/对比度"选项的亮度值为23,对比度值为25。

215

② 查看调整图层混合模式效果

① 创建

强光

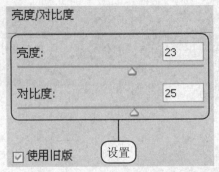

亮度/对比度

亮度: 23

对比度: 25

☑ 使用旧版　　设置

⑬ 为图像添加颜色填充和进行了"亮度/对比度"的调整后，再按快捷键Shift+Ctrl+Alt+E盖印一个可见图层为"图层2"。

⑭ 在"图层2"上，按快捷键Shift+Ctrl+2，将图像的中间调图像选区选中，再执行"选择>反选"命令，设置图像选区的反选操作。

查看调整亮度/对比度效果

设置选区

⑮ 根据上一步设置的图像选区，按快捷键Ctrl+C将选区中的图像复制至剪贴板，再按快捷键Ctrl+V将选区图像复制到新图层"图层3"中。在"图层3"下新建一个透明图层，图层名称为"图层4"，设置前景色为白色，按快捷键Alt+Del为"图层4"进行前景色填充。

⑯ 在"图层3"上填充一个"色彩平衡"调整图层，先选择"阴影"单选按钮，设置色阶值为-6、-1、-100。再选择"中间调"单选按钮，设置色阶值为0、-15、+37。

① 创建

② 查看设置图层效果

图层 3
图层 4
图层 2

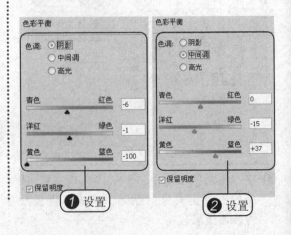

色彩平衡

色调: ⊙阴影 ○中间调 ○高光

青色　红色 -6
洋红　绿色 -1
黄色　蓝色 -100

☑ 保留明度　① 设置

色彩平衡

色调: ○阴影 ⊙中间调 ○高光

青色　红色 0
洋红　绿色 -15
黄色　蓝色 +37

☑ 保留明度　② 设置

⑰ 继续在"色彩平衡"选项中，选中"高光"单选按钮，输入色阶值为-10、0、0。

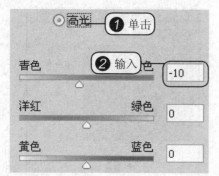

⑱ 在画面中查看添加"色彩平衡"调整后的效果，在"色彩平衡"调整上盖印一个可见图层为"图层5"。

查看调整色彩平衡效果

⑲ 单击工具箱中的"锐化工具"按钮 △，在选项栏中设置锐化强度为20%，再调整画笔的主直径为合适大小，在"图层5"上涂抹人物的五官位置。

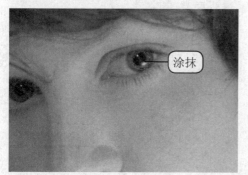

涂抹

⑳ 对人物的五官进行锐化处理后，人物脸部的效果更清晰，复制"图层5"到"图层5副本"图层。

查看设置锐化效果

㉑ 执行"图像>计算"命令，打开"计算"对话框，选择"源1"通道为"蓝"通道，选择"源2"通道为"红"通道，设置混合为"柔光"，结果为"新建通道"，设置后单击"确定"按钮。

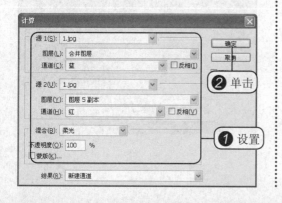

㉒ 在"通道"面板中，按Ctrl键将Alpha1通道的选区载入，在"图层5副本"图层上，按住Alt键的同时单击"添加图层蒙版"按钮 □，根据选区添加图层蒙版后，设置图层的混合模式为"滤色"模式，不透明度为70%。

217

㉓ 对"图层5副本"进行设置后，再按快捷键Shift+Ctrl+Alt+E盖印图层为"图层6"。

查看设置图层效果

㉕ 在"图层"面板中，调整"图层6"的混合模式为"叠加"模式，再为"图层6"创建一个图层副本，图层名称为"图层6副本"，设置后的画面效果更清晰。

① 设置
② 查看设置图层效果

㉗ 在画面中查看添加了图层副本后的图像效果，人物的皮肤层次感通过对填充与不透明度的调整恢复了细腻感。

查看设置图层效果

㉔ 执行"滤镜>其它>高反差保留"命令，打开"高反差保留"对话框，设置半径为1.0像素，设置完成后单击"确定"按钮。

② 单击
① 输入

㉖ 选中"图层1"，为其创建一个图层副本后，将"图层1副本"图层调整至"图层6"的下方，调整图层的填充为30%，不透明度为100%。

② 设置
① 移动图层

㉘ 使用工具箱中的"横排文字工具"，选择合适的花纹文字为画面添加文字信息，设置后调整文字的大小及位置，完成本实例的制作。

添加文字

13.2　电影海报制作

难度水平

◆◆◆◇◇

关键字
曲线调整、可选颜色、照片滤镜

视频学习　光盘\第13章\13-2电影海报制作

　　本实例通过对一张风景图像制作成带有暗夜气息的电影海报效果，通过曲线的变换打造特殊的色调效果，通过可选颜色对部分色调进行变换，使用照片滤镜为图像添加暖色调，最后为图像添加合适的文字内容并进行设置，用于电影内容的表达。

① 打开随书光盘\素材\13\02.JPG素材文件，在画面中查看素材图像效果。

② 在"图层"面板中，在"背景"图层上添加一个"曲线"调整图层，在"RGB"通道中，调整曲线形状和位置。

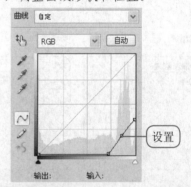

③ 为图像添加"曲线"调整后，画面的整体色调变暗，在画面中查看调整后的效果。

④ 单击工具箱中的"画笔工具"，调整前景色为黑色，设置画笔的不透明度为30%。在"曲线1"调整图层上使用画笔进行涂抹，涂抹中心位置将古堡图像处于显示状态。

查看调整曲线效果

② 查看涂抹蒙版效果

① 设置

⑤ 将"曲线1"调整图层的混合模式设置为"颜色加深"模式，设置后的画面中天空效果变得浓烈。

⑥ 在"曲线"调整图层上新建一个"可选颜色"调整图层，在"调整"面板中，设置"可选颜色"的"红色"颜色浓度为0、−23%、0、0，"黄色"颜色浓度为−100%、0、+100%、+7%。

查看设置图层效果

① 设置

颜色加深

① 设置　② 设置

⑦ 设置"蓝色"的颜色浓度为+100%、0、+100%、0，调整"白色"的颜色浓度为-51%、0、0、0。

⑧ 继续在"可选颜色"选项中进行设置，调整"中性色"颜色浓度为0、0、+30%、0，调整"黑色"颜色浓度为0、0、0、+13%。

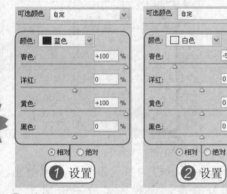

① 设置　② 设置

① 设置　② 设置

⑨ 在画面中查看添加的"可选颜色"调整后的图像效果。

⑩ 在"可选颜色"调整图层上，创建一个"照片滤镜"调整图层，单击"照片滤镜"选项的颜色块，设置"选择滤镜颜色："对话框中的颜色值为R236、G138、B0，设置完成后单击"确定"按钮。

查看设置可选颜色效果

② 单击

① 设置

⓫ 继续在"调整"面板中,设置"照片滤镜"选项的浓度值为80%,勾选面板下方的"保持明度"复选框。

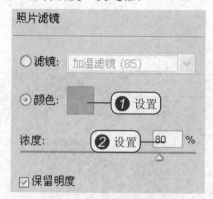

⓬ 在画面中查看进行"照片滤镜"调整图层添加后的效果。

查看添加照片滤镜效果

⓭ 选择工具箱中的"横排文字工具",在选项栏中单击颜色块,打开"选择文本颜色:"对话框,设置文本颜色为R253、G189、B137,设置完成后单击"确定"按钮。

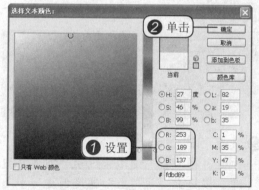

⓮ 在选项栏中为文字选择合适的字体,调整字号大小为20点,选择"移动工具"将文字放置在居中位置。

查看设置文本颜色

⓯ 在文字图层上,为标题文字添加"投影"图层样式,分别设置投影的不透明度、角度、距离和大小。

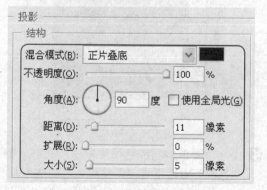

⓰ 查看为标题文字添加"投影"图层样式后的画面效果。

查看添加投影效果

⑰ 继续使用"横排文字工具"在画面中添加合适的文字，添加多行文字后，在"图层"面板中将多行文字选中，并设置"居中对齐文本"，再使用"直线工具"在文字中添加一个宽度为3px的直线，设置直线的颜色为R142、G91、B40。

⑱ 继续使用"横排文字工具"在画面中添加合适的文本内容，添加多行文字后为其设置居中对齐，完成本实例的制作。

添加并设置文字

查看添加文字效果

13.3 创意图像合成制作

关键字
精确抠图、素材添加、渐变叠加

难度水平
◆◆◇◇◇

视频学习　光盘\第13章\13-3特殊影调的处理

　　本实例是人物图像与风景图像进行完美的融合，打造精美的合成效果。通过在通道中添加调整命令，设置精确的人物抠图效果，结合图层的多种属性的设置，打造人物与背景图像的统一色调，通过加深操作对图像局部进行处理，具体的制作步骤如下。

❶ 打开随书光盘\素材\13\03.JPG素材文件，在画面中查看图像效果。

❷ 执行"窗口>通道"命令，打开"通道"面板，将"蓝"通道拖曳至"创建新通道"按钮上，为"蓝"通道创建一个通道副本。

查看素材图像效果

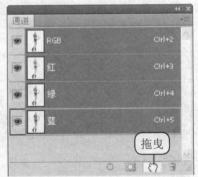
拖曳

❸ 在"通道"面板上，将创建的"蓝副本"通道选中。

❹ 执行"图像>调整>色阶"命令，在打开的"色阶"对话框中，调整输入色阶值为0、0.03、248，设置后单击"确定"按钮。

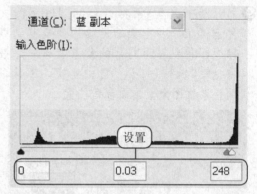

⑤ 在"蓝副本"通道中添加"色阶"调整命令后,查看画面效果呈现人物的外形轮廓。

⑥ 将画面放大显示后,选择"画笔工具",在"蓝副本"通道上,使用黑色的画笔在人物轮廓内部进行涂抹,使用白色的画笔在轮廓外部进行涂抹。

查看设置通道效果

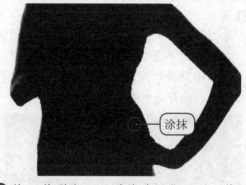

涂抹

⑦ 分别使用黑色和白色的画笔在"蓝副本"通道上进行涂抹后,人物图像的轮廓更为清晰整洁。

⑧ 将"蓝副本"通道的选区载入后,执行"选择>反选"命令,将选区中的图像复制到新的"图层1"中,再将"背景"图层隐藏后,查看抠出的人物图像效果。

查看涂抹通道效果

❷ 查看抠出人物效果

图层1

❶ 隐藏

背景

223

❾ 打开随书光盘\素材\13\04.JPG素材文件，将上一步抠出的人物图像复制到剪贴板，再粘贴至打开的背景素材中，按快捷键Ctrl+T打开"自由变换"工具，调整素材图像至画面合适位置。

变换图像

⓫ 调整"图层1副本"的混合模式为"叠加"模式，设置后再复制一个"图层1副本"为"图层1副本2"图层，将除"背景"图层外的3个图层同时选中，按快捷键Ctrl+G将选中的图层编组为"组1"。

设置

⓭ 复制"组1"图层组为"组1 副本"图层组，合并图层组后，执行"图像>调整>阴影/高光"命令，分别设置数量值。

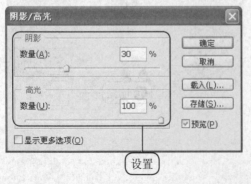

设置

❿ 在"图层"面板中，复制"图层1"为"图层1副本"，执行"滤镜>其它>高反差保留"命令，打开"高反差保留"对话框，设置"半径"值为1.0像素，设置后单击"确定"按钮。

❷ 单击
❶ 设置

⓬ 在"组1"图层上添加一个图层蒙版，选择工具箱中的"画笔工具"，设置前景色为黑色，设置不透明度为30%，在人物脚底位置进行涂抹，将脚底位置图像融合在背景图像中。

❷ 查看涂抹蒙版效果
❶ 涂抹

⓮ 为合并图层添加"阴影/高光"调整命令后，人物图像的暗部细节设置得更为突出。

涂抹

⑮ 将"组1副本"图层的混合模式设置为"强光"模式，设置后的画面效果将人物色调完全融合于背景。

⑯ 在"图层"面板中复制"组1副本"图层，将"组1副本2"图层进行垂直翻转后，再对图像进行适当的变形，设置人物的倒影效果，设置后再输入图层的不透明度为50%。

⑰ 选择工具箱中的"矩形选框工具"，单击选项栏中的"添加到选区"按钮，在画面中绘制多个矩形选区，设置矩形选区的位置至合适位置即可。

⑱ 选择工具箱中的"渐变工具"，打开"渐变编辑器"对话框，设置颜色渐变由左至右为R110、G132、B160、R209、G221、B242、R53、G79、B81、R210、G212、B222，设置完成后单击"确定"按钮。

⑲ 在选项栏中单击"线性渐变"按钮，新建一个图层，由左至右为选区添加线性渐变，在画面中查看填充渐变后的效果。

⑳ 在"图层"面板中，调整"图层2"的混合模式为"正片叠底"模式，设置图层不透明度为40%。

㉑ 选择工具箱中的"横排文字工具" T ，在之前填充的矩形图形上绘制一个矩形文本框。

㉒ 在绘制的矩形文本框中，添加合适的段落文字，设置文字的大小和位置后，在画面查看实例效果图，完成本实例制作。

设置文本框

添加文本

好书推荐

Photoshop CS3/CS4
中文版从入门到精通

作者：雷波
书号：978-7-111-26093-6
定价：89.00元

Photoshop CS4
中文版超酷图像特效技法

作者：雷剑
书号：978-7-111-26106-3
定价：79.80元

Photoshop CS3/CS4
中文版完全自学手册

作者：雷剑
书号：978-7-111-26092-9
定价：79.00元

Maya 2008/After Effects CS3
影视包装技法

作者：范玉婵
书号：978-7-111-26105-6
定价：88.00元

Photoshop CS4
视觉特效与图像合成技法

作者：雷剑
书号：978-7-111-26094-3
定价：79.00元

Photoshop
中文版数码照片处理技法精粹

作者：雷波
书号：978-7-111-24411-0
定价：69.80元

3ds maxVRay
室内效果图渲染技法

作者：范玉婵
书号：978-7-111-26135-3
定价：79.00元

读者意见互动交流信息卡

亲爱的读者：

　　首先非常感谢您对我们这套《新手易学》丛书的支持与厚爱，同时为了以后给您以及广大读者朋友们提供更多优秀书籍，请您在百忙之中抽出时间来填写我们的这张互动交流信息卡。我们会认真分析和采纳您所给出的意见，并尽最快速度给您回复！期待您的来信！

邮件地址：北京市西城区百万庄南街 1 号机械工业出版社华章公司计算机图书策划部

邮政编码：100037

电子信箱：hzjsj@hzbook.com

本书名：新手易学——中文版 Photoshop CS4 图像处理

读者资料：

　　姓名：＿＿＿＿＿＿＿　性别：□男 □女　出生年月（或年龄）：＿＿＿＿　职业：＿＿＿＿＿

　　文化程度：＿＿＿　通信地址：＿＿＿＿＿＿＿＿＿

　　电话：＿＿＿＿＿＿　电子信箱（E-mail）＿＿＿＿＿　QQ（或 MSN）：＿＿＿＿＿＿

您获知本书的途径：

□其他人介绍　□书店　□出版社图书目录

□网上（网址）＿＿＿＿＿＿＿

□报纸、杂志＿＿＿＿＿＿＿＿

您购买本书的地点：

□书店　　□报刊亭 □电脑商店　　□邮购

□网上　　□商场

您最希望的购买地点是＿＿＿＿＿＿＿＿

您购买过本系列几本书：

□1 本　□2 本　□3 本　□4 本　□5 本以上

让您决定购买本书的最主要因素是：

□图书内容　　□价格　□封面设计　□光盘

□出版社名声　□丛书序言、前言或目录

□双色印刷　　□其他＿＿＿＿＿＿＿

您对本书封面设计的满意度：

□很满意 □比较满意　□一般　□较不满意

□建议＿＿＿＿＿＿＿＿＿＿

您对本书排版方式的满意度：

□很满意 □比较满意　□一般　□较不满意

□建议＿＿＿＿＿＿＿＿＿＿

您更喜欢哪种排版方式：

□单栏　□双栏　□单双混合 □其他＿＿＿＿

您对本书的总体满意度：

□很满意 □比较满意　　□一般

□较不满意　□建议＿＿＿＿＿＿＿＿

您希望增加哪些系列的图书：

＿＿＿＿＿＿＿＿＿＿＿＿＿

您对本书配套多媒体光盘是否满意：

＿＿＿＿＿＿＿＿＿＿＿＿＿

您能接受这类图书价格是多少

□价格＿＿＿＿＿＿＿

您更喜欢使用中文版软件还是外文版软件？

□中文版　□外文版　□都可以

□建议＿＿＿＿＿＿＿＿＿

您对书中所用软件版本是否很介意？是否要求用最新版本？

□是，要求是最新版本　　□都可以

□建议版本＿＿＿＿＿＿＿＿

您更喜欢阅读哪些层次的计算机书籍？

□入门类　□提高类 □技巧类

□实例类　□大全类 □教程类

□建议＿＿＿＿＿＿＿＿＿

您更喜欢哪种印刷方式的图书

□单色　□双色　□全彩

□其他＿＿＿＿＿＿＿＿＿

其他要求与建议：

＿＿＿＿＿＿＿＿＿＿＿＿＿

＿＿＿＿＿＿＿＿＿＿＿＿＿

＿＿＿＿＿＿＿＿＿＿＿＿＿

＿＿＿＿＿＿＿＿＿＿＿＿＿